长高食谱

让孩子长高个的饮食方案

杨克新/ 编著

中国华侨出版社
·北京·

图书在版编目（CIP）数据

长高食谱：让孩子长高个的饮食方案 / 杨克新编著
. -- 北京：中国华侨出版社，2024.8
ISBN 978-7-5113-9223-7

Ⅰ.①长… Ⅱ.①杨… Ⅲ.①儿童－保健－食谱
Ⅳ.①TS972.162

中国国家版本馆 CIP 数据核字（2024）第 024689 号

长高食谱：让孩子长高个的饮食方案

编　　著：杨克新
责任编辑：刘晓燕
封面设计：冬　凡
美术编辑：张　娟
图片提供：深圳市金版文化发展股份有限公司
经　　销：新华书店
开　　本：880mm×1230mm　1/32 开　印张：4　字数：95 千字
印　　刷：三河市万龙印装有限公司
版　　次：2024 年 8 月第 1 版
印　　次：2024 年 8 月第 1 次印刷
书　　号：ISBN 978-7-5113-9223-7
定　　价：42.00 元

中国华侨出版社　北京市朝阳区西坝河东里 77 号楼底商 5 号　邮编：100028
发 行 部：（010）88893001　　　传　　真：（010）62707370
网　　址：www.oveaschin.com　　E-mail：oveaschin@sina.com

如果发现印装质量问题，影响阅读，请与印刷厂联系调换。

前言
PREFACE

每个父母都希望自己的孩子能有一个健康的身体和挺拔的身高。

众所周知，身高由基因遗传和后天营养两个方面决定。从基因遗传来说，如果父母双方都高，孩子往往也高；如果父母双方有一方高，孩子也可能是高个子；如果父母双方都矮，孩子一般不会太高。

当然，基因遗传只是决定身高的一方面因素，还有后天营养这个方面。从后天营养来说，孩子身体的生长发育在每个阶段都是不一样的。根据每个阶段的不同来考虑孩子的需求，才是最机智的父母。孩子长高有以下三个黄金时期。

婴幼儿期：是一个从初生状态逐渐趋向于遵循其遗传素质规律的过程，是孩子长高的第一个关键期。

儿童期：孩子的身高增长依然较快，只是增加幅度较婴幼儿期有所放缓。

青春期：孩子长高的最后一个高峰期。

在这三个时期，父母要在饮食上为孩子提供身体发育所需要的各种营养，鼓励孩子多锻炼身体！

在这三个时期，父母要注重孩子蛋白质、钙、维生素D

的补充，做到粗细搭配，可以适当给孩子多吃面食类和含钙量高的食品，不要偏食挑食。

还有，多让孩子进行体育锻炼。每天至少有半个小时的有效运动时间。多参加户外运动、多晒太阳可以促进钙质吸收，身体得到锻炼、骨骼健壮，孩子也会增高。

另外，要让孩子有充足的睡眠。因为夜晚是分泌生长激素的关键时期，必须保证睡眠才能长高。

饮食＋运动＋睡眠，打稳根基，帮助孩子长高个儿！

本书从科学营养的角度出发，根据各阶段孩子的发育特点与营养需求科学设计，注重荤素搭配，介绍了近百种营养搭配食谱，包括菜、粥、面等，做到品种多样化，避免孩子因饮食单调而产生偏食，让孩子均衡地吃，全面地补。家长只要稍微花点时间跟着学，对身体有益的菜品都能变着花样轻松做。一书在手，父母不愁，让孩子吃得好、吃得对，长高个儿！

目录 CONTENTS

第 1 章
解读长高密码，成就孩子更"高"未来

第 2 章
分龄食谱，开启身高增长引擎

第 3 章
高上桌率的长高菜，让孩子身高不"掉队"

第4章

一日三餐巧安排，助孩子"高"人一等

第 1 章

解读长高密码，成就孩子更"高"未来

要增高，后天努力比先天遗传更重要

很多个子不高的父母很关心孩子到底能不能长高，害怕由于自己的"基因不好"，连累了孩子，让孩子也长不高。还有一些父母通过广泛流传的"身高"计算公式，提前计算出孩子未来的身高，从而觉得这都是先天遗传决定的，后天实在无能为力了。

其实，要想孩子长得高，后天的努力也很重要。生物专家告诉我们，物种的某种性状（如身高）是由基因和环境共同决定的，父母的基因组合在一定程度上决定了孩子的身高。但是这并不意味着父母都不高，孩子也必然长不高。因为也有可能是父母携带高个子基因，但是因为他们的成长环境，让这种高个子基因没有表达出来。

所以，我们很难仅凭父母的身高就判断这个孩子能不能长高，唯一把握在父母手里的，就是孩子的后天成长环境。什么样的成长环境能够让孩子尽可能长高？这是我们已经研究得相当清楚的。

首先是营养要跟上。没有足够的营养供给就谈不上充分的生长发育。而与身高密切相关的营养素包括维生素 D、钙和磷。碘和锌不足，也会造成孩子个子矮小。

其次则是睡眠。目前普遍认为人类长个子主要是在睡眠中完成的，因为白天身体有各种各样的活动，只有睡觉时身体的其他活动都停止了，血液、养分等各种资源才能被充分应用到生长发育上。

最后就是运动。适量的运动能够让身体舒展开来，得到应有的锻炼。现在的孩子学习压力大，每天要花大量的时间坐在桌子前学习，这其实是很不利于孩子长高的，所以要让孩子多活动活动。

抓住长高黄金期，成就小"超人"

按照生长规律，孩子的身高增长一共有三个黄金期，分别是婴幼儿期、儿童期和青春期。把握这三个发育高峰阶段，能更有针对性地促进孩子长高个。

婴幼儿期——快速长高期

婴幼儿期是一个从初生状态逐渐趋向于遵循其遗传素质规律的过程，是孩子长高的第一个关键期。

在这一时期，父母可以从饮食和睡眠两个方面入手，帮助孩子长高。饮食方面，建议从 6 个月以后开始添加辅食，帮助孩子从流质饮食向半固体、固体饮食过渡。另外，日常饮食要多样化，保证孩子营养均衡、全面，降低孩子偏食、挑食的可能性。睡眠方面，应为孩子营造安静、舒适的睡眠环境。可以根据孩子的生长发育情况，逐渐减少夜间授乳的次数，保证 22 点至凌晨 2 点处于深度睡眠状态。

儿童期——平稳长高期

儿童期孩子的身高增长依然较快，只是增加幅度较婴幼儿期有所放缓。

这一阶段，父母应格外关注孩子每年的身高增长状况，让孩子多参与户外活动，促进新陈代谢，同时还要注意预防孩子性早熟。

青春期——生长高峰期

青春期是孩子长高的最后一个高峰期。大部分男孩身高增长较快的年龄为 13~15 岁，女孩为 11~13 岁。

为了让孩子长得更高，家长尤其应注意孩子的身高变化、营养、运动和心理等问题。需要提醒父母的一点是，升学是青春期孩子面对的主要压力。此时要多理解孩子，多与他沟通和交流，不要让压力成为孩子身高发育的绊脚石。

长高，骨骼生长是关键

摩天大楼之所以高，主要是靠其钢筋水泥的框架结构。同样，一个人的个子高不高，主要取决于支撑躯体的骨骼。

骨骼，身体的支架

从人体形态学的角度来说，人是依靠骨骼尤其是长骨（手臂、大腿、小腿等四肢均属于长骨，手指头、脚趾头则属于短骨）的生长来长高的。也就是说，长骨的长度越长，身高越高。长骨由骨干和骨骺组成。骨干和骨骺之间是干骺端，干骺端的软骨逐渐增生、分化、骨化，使长骨长长，人也随之长高。

人体的骨骼生长自胎儿期就已经开始了，婴幼儿期长骨生长明显，到了青春期，长骨的生长速度会减慢，至成年骨骺完全闭合，骨骼不能再纵向生长，身高也随之停止增长。一般女孩的骨骺在18~20岁完全闭合，男孩的骨骺在20~22岁完全闭合，极少数能延迟到25岁左右。可见，长骨骺板软骨的生长是人体长高的基础。

骨龄能预测身高

人的生长发育可用两个"年龄"来表示，即生活年龄（日历年龄）和生物年龄（骨龄）。其中，骨龄是骨骼年龄的简称，是用小儿骨骼实际发育程度与标准发育程度进行比较，所求得的一个发育年龄。医生通常要拍摄人左手手腕部的X光片，据此观察左手掌指骨、腕骨及桡尺骨下端的骨化中心的发育程度，来确定骨龄。

由于人体骨骼发育的变化基本相似，每一根骨头的发育过程都具有连续性和阶段性，不同阶段的骨头具有不同的形态特点，因此，骨龄能较为精确地反映人从出生到完全成熟的过程中各年龄段的发育水平。

骨龄在很大程度上代表了儿童身体的真正发育水平，用骨龄判定儿童的生长发育情况比实际年龄更为确切。通过骨龄可以预测儿童成年后的身高，指导一些身材矮小孩子的治疗，还有助于部分儿科内分泌疾病的诊断。

长高的神秘激素，缺一不可

大脑垂体中，深藏着一种可以影响人体长高的物质——激素。具体来说，与人体生长发育相关的激素有以下四种。

生长激素

生长激素是腺垂体细胞分泌的蛋白质，是一种肽类激素，主要受下丘脑产生的生长激素释放素调节，还受性别、年龄和昼夜节律的影响，睡眠状态下分泌明显增加。通常情况下，孩子进入熟睡后的一两个小时内，生长激素分泌量达到最高峰。

生长激素的生理功能

生长激素是促进骨骼和器官生长的主要激素，是刺激生长因子的动力。生长激素分泌得越多，孩子就长得越快；生长激素分泌持续的时间越长，孩子就长得越高。

- 促进神经组织以外的其他组织生长。
- 促进机体新陈代谢和蛋白质合成。
- 促进脂肪分解，增强肠道对食物中钙、磷等成分的吸收利用。
- 对胰岛素有拮抗作用。
- 抑制葡萄糖利用而使血糖升高。
- 促使骨骺软骨形成，进而使躯体增长，强化骨骼。
- 提升脑部神经传递素的浓度，强化反应力、神经敏锐度、记忆力。

由此可知，生长激素在孩子长高的过程中有着不可取代的作用，不过，这种激素只在儿童期和青春期分泌较多，随着年龄的增长，生长激素的分泌会日益减少。

甲状腺素

甲状腺素是人体甲状腺分泌的激素。甲状腺是藏在人颈部两侧的小腺体，受脑垂体分泌的促甲状腺激素控制。

甲状腺素可直接作用于人体的骨细胞，促进骨的再塑造活动，使骨吸收与骨生成同时加快，进而促进骨骺端软骨骨化，最后与骨干融合。如果孩子的甲状腺素分泌太少，会导致发育缓慢、长骨生长迟缓，骨骺不能及时闭合，以致身材矮小、脑部发育障碍。不过，甲状腺素也并非越多越好，如果孩子甲状腺素分泌过多，可能会出现情绪亢奋，严重者甚至出现甲亢。

肾上腺素

肾上腺素是一种激素和神经传送体，由肾上腺释放。在下丘脑的指挥下，肾上腺皮质会分泌糖皮质激素、盐皮质激素和少量性激素。

性激素包括雄激素和雌激素。雄激素不仅会促进骨骼合成，维持骨质密度和强度，还能促进蛋白质的合成；雌激素能促进钙在骨骼中的沉淀，具有加速骨骺成熟，决定骨骺最终融合的作用。不论是男孩还是女孩，体内既有雄激素，又有雌激素，两种激素分泌是否正常，都会影响生长发育，这直接关系到孩子未来的身高。青春发育期，肾上腺素对骨骼的成熟速度起决定性作用。

胰岛素

胰岛素是由胰脏内的胰岛 B 细胞受内源性或外源性物质的刺激而分泌的一种蛋白质激素，主要作用是调节人体内糖类、脂肪、蛋白质等的代谢。在孩子生长的旺盛期，胰岛素具有促进生长激素分泌、促进蛋白质合成等作用。如果胰岛素分泌不足或受体异常，会引起孩子体内糖代谢异常，进而导致生长速度变缓、身材矮小等问题。

增高助长营养素，在孩子一食一饭之间

增高助长，离不开营养的供给。蛋白质、维生素 A、维生素 C、维生素 D、钙和锌是对人体的生长发育极为重要的六大营养素，家长要重点为孩子提供富含这些营养的膳食。

蛋白质，生长的前提

　　蛋白质是人体细胞的主要成分，人体的肌肉、骨骼、大脑、血液、内脏、神经、毛发等都是由蛋白质组成的。

　　在促进生长发育方面，蛋白质及其衍生物组成了对孩子生长发育起重要作用的各种激素，它还构成了参与骨细胞分化、骨形成、骨的再建和更新等过程的骨矿化结合素、骨钙素、人骨特异生长因子等物质。此外，蛋白质还是维持人体正常免疫功能、神经系统功能所必需的营养素。

维生素 A，牙齿、骨骼发育的首选

　　维生素 A 是人体必需的营养素，与骨骺软骨的成熟度有关，对人体细胞的增殖和生长有着重要的作用，是促进牙齿、骨骼发育的首选营养素。其在人体内的含量过多或过少都不利于孩子的生长发育。

　　如果孩子体内缺乏维生素 A，会减缓骨骺软骨细胞的成熟，导致生长迟缓；而维生素 A 摄入过量，又会加速骨骺软骨细胞的成熟，导致骨骺板软骨细胞变形加速，骨骺板变窄，甚至早期闭合，阻碍孩子长高。

维生素 C，组成骨骼、软骨的要素

　　维生素 C 属于水溶性维生素之一，主要食物来源是新鲜蔬菜与水果。

它对胶原的形成非常重要，也是骨骼、软骨和结缔组织生长的主要要素。如果孩子的体内缺乏维生素 C，骨细胞间质就会形成缺陷而变脆，进而影响骨的生长，导致生长发育变缓、身材矮小等。

维生素 D，健骨骼、长高个的原动力

与维生素 C 不同，维生素 D 属于脂溶性维生素，它是人体必需的营养素之一，也是与身高密切相关的，在人体骨骼生长中的主要作用是调节钙、磷的代谢。通过维持血清钙、磷的平衡，促进钙、磷的吸收和骨骼的钙化，维持骨骼的正常生长，进而让孩子长高。

如果孩子的体内缺乏维生素 D，就会减少骨骺对钙、磷的吸收，使孩子容易患上佝偻病或软骨症等疾病。给孩子补充维生素 D，可以多让他去户外晒晒太阳。

钙，强壮骨骼、增加骨密度的养料

钙是人体内含量较高的矿物质，占人体体重的 1.5%~2.0%，其中，99% 的钙集中于骨骼中。可以说，钙是强壮骨骼、增加骨密度的养料，孩子能否长高与钙的吸收有着直接的关系。如果钙摄入不足，骨骼的生长发育就会变缓，形成佝偻病、"X"形腿或"O"形腿。

锌，生长发育的促进者

锌是促进生长发育的关键营养素之一，对骨骼生长有着重要的作用。首先，锌是人体中众多酶不可缺少的一部分，而有些酶与骨骼生长发育密切相关；其次，锌缺乏会影响生长激素、肾上腺素以及胰岛素的合成、分泌及活力；再次，锌会影响蛋白质的合成，关系到孩子的智力和生长发育；最后，锌会影响人体的免疫功能。

吃对食材，孩子步步"高"长

牛奶

提到帮助孩子长高的食物，人们首先想到的就是牛奶。牛奶中的确富含钙元素，这是骨骼生长的关键营养物质。在孩子增高的第二黄金期，是钙元素需求量最大的时候，孩子一天要喝3杯牛奶才能够满足钙的需求量。但有些孩子对牛奶的消化不强，喝了以后肠胃不适，也有些孩子不喜欢牛奶的味道，可以用酸奶、奶酪等替代。

奶酪

奶酪是由牛奶加工而制成的，是牛奶的精华部分，营养价值高，蛋白质的含量比同等重量的肉类高许多，并且富含钙、磷、维生素A、B族维生素等营养元素，是孩子成长发育过程中的理想食物。

奶酪中富含钙，钙可以起到强壮骨骼的作用，并降低体内的胆固醇，防止发胖。同时，奶酪中的钙也很好吸收，对于成长发育迅速的孩子来说，是最好的补钙食物之一。

豆腐

豆腐不仅营养丰富，易于消化，而且食用方便，是我们日常生活中最常食用的食材之一。豆腐是绝佳的蛋白质食物，且易被消化吸收，能参与人体组织构造，促进孩子生长。豆腐中钙质及维生素K的含量比大豆还丰富，钙质是构成骨骼与牙齿的主要成分，是孩子成长发育不可缺少的营养素。

豆腐中还含有丰富的大豆蛋白和异黄酮，搭配含有维生素D和不饱和脂肪酸的食物一起食用，更有助于促进孩子生长。

鸡蛋

世界上恐怕没有哪一种食物有鸡蛋这么高的性价比，它廉价易获取，富含蛋白质，烹饪方法丰富，也很容易做得很好吃，所以孩子是很容易接受鸡蛋这种食物的。这种高蛋白质食物对于生长发育期的孩子来说是必不可少的。

黑大豆或花生

大豆和花生都是富含蛋白质的常见食材。大豆有很多种类，黑大豆是豆类中蛋白质含量最高的。此外，黑大豆还富含蛋白质、维生素、微量元素等多种营养成分，同时具有多种生物活性物质，如黑豆色素、黑豆多糖和异黄酮等。花生更是营养丰富，含有蛋白质、脂肪、糖类、维生素 A、维生素 B_6、维生素 E、维生素 K，以及矿物质钙、磷、铁等营养成分，含有 8 种人体所需的氨基酸及不饱和脂肪酸，还含卵磷脂、胆碱、胡萝卜素、粗纤维等物质。以上两种食材所富含的这些物质对于想长高的孩子来说简直太重要了。

牛肉

牛肉含有丰富的蛋白质、氨基酸，并且其氨基酸组成比猪肉更接近人体需要，可以强壮孩子的骨骼，提高机体抗病能力，对生长发育有着重要的作用。

另外，牛肉脂肪含量较低，约为4.22%。此外，牛肉中的铁、锌、磷、维生素 A、B 族维生素的含量也很高，对孩子来说具有较好的补血作用。牛肉中的亚油酸也能提高孩子的智力，增强其抵抗力。

猪肉

猪肉纤维较为细软，结缔组织较少，肌肉组织中含有较多脂肪，因此，经过烹调加工后肉味特别鲜美，质感可口。

猪肉可为孩子成长提供优质蛋白质和人体必需的 8 种氨基酸，对生长发育有很大的帮助。猪肉含有丰富的维生素 B_1、维生素 B_6、维生素 B_{12} 以及促进骨骼发育的锌、铁等营养成分。此外，猪肉还具有长肌肉、润皮肤的作用，使人毛发光泽。

沙丁鱼

对于中国人来说，沙丁鱼是一种并不常见的食物，很多人可能从来没有吃过沙丁鱼。但如今物质生活已经相当丰富了，想吃沙丁鱼也并不是什么难事。沙丁鱼的最大优点就是富含蛋白质和钙这两种对于长高都很重要的关键营养物质，是难得的"天然增高食品"，可以让孩子更高效地长高。不过，如果家里以前不吃沙丁鱼，可能就要辛苦爸爸妈妈学习怎样能把沙丁鱼做得更美味了。

胡萝卜

胡萝卜对于很多孩子来说并不算好吃，甚至有的孩子不喜欢胡萝卜那种特殊的味道。但大家都知道胡萝卜是一种营养丰富的蔬菜，也有人将胡萝卜当成一种水果，它富含维生素A，这是一种对成长发育非常重要的维生素，能帮助蛋白质的合成。胡萝卜和牛肉等食材炖在一起是一种不错的选择，也可以榨胡萝卜汁给孩子喝，还可以把胡萝卜切成丁，和其他食材混合在一起或者炒饭，这样能让胡萝卜更容易被孩子接受。

洋葱

洋葱中所含的微量元素硒是一种很强的抗氧化剂，能提高细胞的活力和代谢能力，适合处在生长发育期的孩子多食用。洋葱中有一种叫大蒜素的物质，能提高维生素 B_1 的吸收率，并且延长维生素 B_1 在人体内发生作用的时间。因此，若同时摄入维生素 B_1 和大蒜素，便能让维生素 B_1 的功效完全发挥出来。此外，洋葱中还含有钙质，常吃洋葱能提高骨骼密度，有助于促进骨骼生长。

橘子等水果

橘子等水果是一种怎样的水果呢？我们这里想说的是一种含有大量维生素C的水果，除了橘子，还包括草莓、菠萝、葡萄、猕猴桃等。维生素C是一种对长高很重要的物质，可以帮助钙的吸收，当然它还有很多其他的功效。这些水果更大的优点在于，几乎没有小孩儿不喜欢吃，因为它们口感好，味道好。

小麦

小麦中含有丰富的蛋白质和多种维生素，是人体蛋白质和热量的重要来源，有助于儿童的体格发育。小麦中富含的维生素 B_1 和维生素 B_2 是维持人体正常生长机能和代谢活动必不可少的物质，能维持神经系统和皮肤的健康，参与能量代谢，增强体力，滋补强身。常食小麦还能促进睡眠，可以辅助增高。

科学饮食，让孩子赢在"高"处

饮食是促进人体生长发育必不可少的，能为身体提供源源不断的营养。坚持科学、合理的饮食方式，能让孩子在一日三餐中不知不觉长高个。

营养摄入应充足、合理

前文我们详细介绍了与长高密切相关的六大营养素，接下来我们就来看看，如何保证充足、合理的营养摄入。

蛋白质	维生素 A	维生素 C	维生素 D	钙	锌
·猪肉	·胡萝卜	·猕猴桃	·蛋黄	·芝麻	·牡蛎
·鸡蛋	·菠菜	·橙子	·牛奶	·虾皮	·瘦肉
·牛奶	·鱼肝油	·柠檬	·鱼肝油	·奶酪	·花生
·黄豆	·南瓜	·辣椒	·海鱼	·荠菜	·猪肝

保证膳食均衡

只有摄取种类丰富的食物，保证各种营养素的摄入量和膳食均衡，才能为孩子的生长发育打下坚实的营养基础，同时能促进生长发育，提高免疫力。

谷物、肉、蛋类、蔬果以及奶类，既能为孩子的成长提供糖类、脂肪、蛋白质、维生素、矿物质等营养素，又是构成平衡膳食的主要食物。

培养良好的饮食习惯

家长应引导孩子从小养成良好的饮食习惯，如定时定量进餐、用餐时保持愉快的心情、细嚼慢咽、不挑食、不偏食等，保证孩子在一日三餐中摄取充足合理的营养，进而促进身体正常的生长发育。

重点摄入"明星"食材

平时，在保证膳食均衡的基础上，家长可以重点给孩子吃些"明星"食材，更好地帮助孩子生长发育。

忌盲目进食保健品

有不少家长在孩子偏矮时，会首先考虑使用增高保健品，甚至强迫孩子食用、盲目进补，这是非常不科学、不理智的做法。长此以往，不仅可能使孩子长高的时间大大缩短，对孩子的健康也是极为不利的。

首先，长期食用保健品，会造成体内基本营养素缺乏，阻碍孩子的正常生长发育；其次，某些保健品中含有激素类成分，长期食用会导致孩子肥胖、性早熟，还可能诱发高血压等疾病。那么，保健品究竟该怎么吃才科学呢？家长可参考以下四个原则：

· 服用有科学实证的保健品。

· 寻求专业营养师的意见。

· 两种以上的保健品服用时间须错开。

· 避免过量服用。

补钙并非多多益善

我们都知道钙对孩子的生长发育来说是必不可少的，不少家长十分重视给孩子补钙，但是，补钙并非多多益善，过度补钙可能会对孩子造成以下危害。

· 产生厌食、恶心、便秘、消化不良，影响肠道对营养物质的吸收。

· 造成高尿酸血症，患儿早期有轻微的腰痛，可有血尿、泌尿道结石。

· 使血压偏低，钙沉积在心脏瓣膜上影响心脏功能，增加日后患心脏病的危险。

· 若钙在眼角膜周边沉积，将会影响视力，引起白内障失明。

· 钙会抑制铁、锌的吸收，而导致贫血、乏力、生长发育缓慢和免疫力下降。

· 骨骼过早钙化，骨骺线提前闭合，使长骨发育受到影响，身高受到抑制，且易骨折。

· 血钙过高使软骨过早钙化，前囟门过早闭合，形成小头畸形，制约大脑发育空间。

年龄不同，孩子每日所需的钙量也不同。因此，家长在为孩子补钙时，一定要注意剂量。

四季增高饮食要点

不同的季节，孩子的生长发育特点也有所不同。作为父母，需要掌握四季增高饮食要点，根据不同季节的食材，有针对性地为孩子提供多样化饮食，并做到色、香、味俱全。

春季长高正当时

据世界卫生组织的相关研究表明，在春季，孩子的生长发育速度相较于其他三个季节更快。这是因为春季人体新陈代谢旺盛，血液循环加快，生长激素分泌增多造成的，再加上春季阳光中的紫外线指数更高，能大大促进孩子骨骼的发育。

春季饮食中，需要重点为孩子补充优质蛋白质、钙和维生素。家长可以给孩子多准备一些奶制品、豆制品、虾皮、芝麻和海产品等富含钙和蛋白质的食物，另外，适量补充维生素C、维生素D以及维生素A，促进钙的吸收，为骨骼生长提供原料。

夏季清补更适宜

夏季天气渐渐炎热起来，孩子在高温下新陈代谢速度加快，食欲有所减退，再加上日长夜短、体能消耗量大，会影响到孩子增高的速度。不过，这一时期有很多利于孩子长高的因素，如营养状况、体育锻炼、阳光、睡眠等。

这一季节的饮食重在清补。家长应在保证孩子营养均衡和饮食多样化的基础上，让孩子多吃些新鲜蔬果，特别是绿叶类蔬菜，不仅富含胡萝卜素、维生素及钙、铁、锌等营养物质，还能调节孩子身体各项生理功能，如空心菜、苋菜、芹菜等。

此外，天气炎热容易中暑，家长可以多备一些具有清热祛暑功效的食物，如鸭肉、鱼、豆腐、绿豆、冬瓜、苦瓜等。

秋季去燥好滋润

秋季孩子的生长速度相对缓慢，但此时天高气爽，孩子的食欲也在逐渐增强，家长要抓准时机，以食物滋补其身体。

秋季天气干燥，易上火，此时食补，重点在于润肺去燥，为孩子储备骨骼生长所需的营养并调节体内环境，同时为冬季的到来做好御寒准备。

这一季节正是许多新鲜蔬果上市的季节，家长可用这些新鲜的蔬果给孩子增加营养，如苹果、梨、香蕉等，滋阴润燥效果显著，可适当多吃些。萝卜、芹菜、冬瓜、莲藕等时令性蔬菜，也可以多给孩子做着吃。葱、蒜、辣椒、羊肉、桂圆等辛热食物应尽量少吃。此外，饮食上还要注意增加蛋白质的摄入量。除肉类和豆腐外，还可让孩子多吃一些海鱼、海虾等海产品。

需要提醒家长注意的是，秋季孩子的食欲较为旺盛，应控制好食量，不要因大补特补而导致肥胖，影响身高的增长。

冬季蓄力更长高

冬季是万物积蓄力量、等待萌发的季节，家长如果能够抓住这一时期，为孩子的生长发育提供适当的营养，必定能为孩子的长高助力。

随着气温的下降和日照时间的缩短，孩子在冬季的户外活动会明显减少，这会导致其体内维生素D的自身合成减少，使钙吸收不足，再加上冬季气温低，机体对钙的利用率明显降低，就更容易引起孩子缺钙。缺失的钙质如果没有得到及时补充，就会严重影响孩子的骨骼发育和成长，成为阻碍孩子长高的"拦路虎"。因此，冬季增高的饮食要点之一就是补钙。家长可以每天睡前给孩子喝一杯热牛奶，既有利于补钙，还能使孩子拥有优质的睡眠。

冬季饮食的一个重要作用就是给身体保暖，但是对正处于生长发育阶段的儿童来说，除适当增加进食量以满足机体对热能的需要外，还要注意营养的全面均衡。可以适量增加一些"肥甘厚味"的食物，但不宜过多，且仍然需要遵循均衡膳食的饮食原则。

远离饮食误区

忌食过咸食物

人体对盐（氯化钠）的需求量远远低于我们的想象，婴幼儿的肾脏远远没有发育成熟，所以没有能力充分排出血液中过多的钠，吃盐过多很容易使肾脏受到损害。孩子吃过咸的食物，还会损伤动脉血管，影响其脑组织的血液供应，脑细胞会长期处于缺血状态，从而造成智力迟钝、记忆力下降。对于1岁半到5岁的幼儿，由于各种食物中本身就含有钠，为了调味，放些淡盐即可，千万不宜过咸。咸菜、榨菜、咸肉、豆瓣酱等食物不适宜给儿童食用。父母给孩子做饭时，切忌以自己的口味来矫正咸淡，应用小勺定量取盐。

忌食含添加剂过多的食物

味精的主要成分是谷氨酸钠，它通过刺激舌头上的味蕾，让我们感觉到可口的鲜味。味精对人体没有直接的营养价值，一般等食材快出锅时才放少许，可以降低其对人体的伤害。但也有研究表明，1周岁以内的宝宝食用味精有引起脑细胞坏死的可能，常吃还会影响大脑发育，出现反应迟钝、行为笨拙、记忆力降低等现象，所以对于儿童来说，味精还是少吃为好。鸡精成分是食盐、麦芽糊精、味精等，也应少吃。科学家用动物做了各种试验，结果发现许多不同种类的动物（包括老鼠、兔、猴）在幼年时接触到味精，都会造成一定程度的脑部创伤。做实验的科学家说："这些猴幼时脑细胞有小部分受损，完全没有征象显示出来，证明脑部受创伤是一个微妙的过程，人类婴儿在平日的环境里若受同样伤害，很可能没有人看得出来。"此外，摄入味精会致使血液中谷氨酸的含量升高，因而限制人体对钙和镁的利用，对儿童的生长发育不利。薯片、方便面等很多零食中不仅含有味精，而且其含量很可能超标，故应忌食。

忌食含过氧脂质的食物

过氧脂质是不饱和脂肪酸的过氧化产物。研究表明，油温在200℃以上的煎炸类食物中或长时间暴晒于阳光下的食物中，均含有大量的过氧脂质，如果人体长期摄入，将会导致体内代谢酶系统受损，并破坏维生素，从而引起大脑早衰或痴呆。此类食物包括熏鱼、烧鸭、烧鹅；油炸鸡腿、鸡翅；长期晒在阳光下的鱼干、腌肉等；长期存放的饼干、糕点、油茶面、油脂等，特别是已经产生哈喇味的油脂；炸过鱼、虾、肉等的食用油，放置久后也会生成过氧脂质。家长应特别留心，不要给孩子食用此类食物。儿童应尽量从天然、新鲜的食材中获得营养，多吃新鲜蔬菜、水果、肉蛋类、奶类、五谷杂粮，尤其是富含维生素C、胡萝卜素的具有抗氧化功效的食物，尽量不吃各种加工过的食品，尤其是含油脂较多的加工食品。

第 2 章

分龄食谱，
开启身高增长引擎

蛋黄糊

原 料 熟鸡蛋 1 个，米碎 90 克
调 料 盐少许

做 法

1 熟鸡蛋剥去外壳，取出蛋黄，剁成末。

2 汤锅中注入清水烧开，加米碎，煮约 3 分钟至呈糊状，倒入部分蛋黄末，加入盐，拌匀。

3 盛出煮好的米糊，装在碗中，撒上余下的蛋黄末点缀即成。

鸡肝糊

原 料 鸡肝 150 克，鸡汤 85 毫升
调 料 盐少许

做 法

1 将洗净的鸡肝装盘中，放入烧开的蒸锅中，蒸 15 分钟至熟透。

2 取出，放凉，用刀将鸡肝剁成泥状。

3 把鸡汤倒入汤锅中，煮沸，倒入鸡肝，煮 1 分钟成泥状，加入盐，拌匀，将煮好的鸡肝糊倒入碗中即可。

虾仁豆腐泥

原 料 虾仁45克，豆腐180克，胡萝卜50克，高汤200毫升

调 料 盐2克

做 法

1 将洗净的胡萝卜切成粒；把洗好的豆腐压烂，剁碎。

2 挑去虾线，用刀把虾仁压烂，剁成末。

3 锅中倒入高汤，放入胡萝卜粒，烧开后用小火煮5分钟至胡萝卜熟透。

4 放入盐、豆腐、虾肉末，拌匀，煮片刻即可。

原 料 胡萝卜 85 克，鸡蛋 1 个，豆腐 90 克

调 料 盐少许，水淀粉 3 毫升

做 法

1 把鸡蛋打入碗中，用筷子打散，调匀。

2 洗好的胡萝卜切成丁，洗净的豆腐切成块。

3 把胡萝卜丁和豆腐块放入烧开的蒸锅中蒸熟，取出，剁成泥。

4 汤锅中注入适量清水，放入盐，倒入胡萝卜泥，用锅勺轻轻搅拌一会儿。

5 放入豆腐泥搅拌均匀，煮沸。

6 倒入蛋液，搅匀，煮开，加入水淀粉搅匀即可。

胡萝卜豆腐泥

山药杏仁糊

原料 山药180克，小米饭170克，杏仁30克

调料 白醋少许

做法

1 将去皮洗净的山药切丁。

2 锅中注入清水烧开，倒入山药、白醋，拌匀，煮2分钟至熟透，捞出。

3 取榨汁机，把山药倒入杯中，加入小米饭、杏仁、清水，榨成糊；将山药杏仁糊倒入汤锅中，拌匀，煮约1分钟，把煮好的山药杏仁糊盛出，装入碗中即可。

芋头玉米泥

原料 香芋150克，鲜玉米粒100克，配方奶粉15克

调料 白糖4克

做法

1 将去皮洗净的香芋切片。

2 把香芋片、鲜玉米粒放入蒸锅中，蒸10分钟至熟透，把熟香芋倒在砧板上，用刀压成末，装入碗中。

3 取榨汁机，加入熟玉米粒、奶粉，搅打成泥状，汤锅中加入清水、玉米泥、白糖、香芋泥，煮至食材熟透，将芋头玉米泥倒入碗中即成。

原 料 虾仁、胡萝卜、洋葱、秀珍菇、稀饭、高汤各适量

调 料 食用油适量

做 法

1 锅中注水烧开，倒入虾仁，煮至虾身弯曲，捞出，切碎。

2 洗净的洋葱切成丁；洗净去皮的胡萝卜切成丁；洗好的秀珍菇切成丝。

3 砂锅置于火上，淋入食用油。

4 倒入洋葱、胡萝卜、虾仁、秀珍菇，炒匀。

5 倒入高汤，加入稀饭，拌匀、炒散。

6 煮约 20 分钟至食材熟透，搅拌即可。

虾仁蔬菜稀饭

原料　鸡胸肉 90 克，口蘑 30 克，上海青 35 克，奶油 15 克，米饭 160 克，鸡汤 200 毫升

鸡肉口蘑稀饭

做 法

1 洗净的口蘑切丁；洗好的上海青切去根部，再切丁；洗净的鸡胸肉切丁，备用。

2 砂锅置于火上，倒入奶油，略翻炒。

3 倒入鸡胸肉、口蘑，炒匀，加入鸡汤、米饭，炒匀，烧开后用小火煮约 20 分钟。

4 放入上海青拌匀，煮约 3 分钟至食材熟透即可。

菌菇稀饭

原料 金针菇70克，胡萝卜35克，香菇15克，绿豆芽25克，软饭180克

调料 盐少许

做法

1 洗净的绿豆芽切粒；洗好的金针菇切去根部，切段；洗好的香菇切丁；洗净的胡萝卜切丁。

2 锅中倒入清水，放入材料，煮沸，倒入软饭，煮20分钟至食材软烂。

3 倒入绿豆芽粒、盐，拌至入味，将做好的稀饭盛出，装入碗中即可。

蛋黄银丝面

原料 小白菜100克，面条75克，熟鸡蛋1个

调料 盐2克，食用油少许

做法

1 锅中注入清水烧开，放入小白菜，煮约半分钟，捞出，沥干水分。

2 把面条切段；小白菜切丁；熟鸡蛋剥取蛋黄，切细末。

3 汤锅中注入清水烧开，放入面条、盐、食用油，煮约5分钟至熟软，倒入小白菜，煮片刻至全部食材熟透，盛出，放在碗中，撒上蛋黄末即成。

原 料 三文鱼肉 120 克

调 料 盐少许

三文鱼泥

做 法

1 蒸锅上火烧开，放入处理好的三文鱼肉。

2 盖上锅盖，用中火蒸约 15 分钟至熟透。

3 揭开锅盖，取出三文鱼，放凉待用。

4 取一个干净的大碗，放入三文鱼肉，压成泥状。

5 加入盐，搅拌均匀至其入味。

6 另取一个干净的小碗，盛入拌好的三文鱼即可。

菠菜肉末面

原料 面条85克，肉末55克，胡萝卜50克，菠菜45克

调料 盐少许，食用油2毫升

做法

1 将洗好的菠菜切成碎；胡萝卜切成粒。

2 汤锅中注水烧开，倒入胡萝卜粒，加盐、食用油，拌匀，用小火煮约3分钟至胡萝卜断生。

3 放入肉末，拌匀，煮至汤汁沸腾，下入面条拌匀，用小火煮约5分钟至面条熟透。

4 揭盖，倒入菠菜碎，拌匀，续煮片刻至断生，关火后盛出煮好的面条，放在小碗中即成。

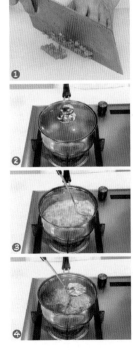

原料　糯米粉 90 克，核桃仁 60 克，花生米 50 克

花生核桃糊

做 法

1　取榨汁机，选择干磨刀座组合，倒入洗净的花生米、核桃仁，磨成粉末状，制成核桃粉待用。

2　将糯米粉放入碗中，注入适量清水，调匀，制成生米糊。

3　砂锅中注水烧开，倒入核桃粉，用大火拌煮至沸腾。

4　放入生米糊，边倒边搅拌至其溶于汁水中，转中火煮约 2 分钟至食材呈糊状即成。

原 料 豌豆 120 克，鸡汤 200 毫升

调 料 盐少许

豌豆糊

做 法

1 汤锅中注入清水，倒入洗好的豌豆，煮 15 分钟至熟，
   捞出。

2 取榨汁机，倒入豌豆，倒入 100 毫升鸡汤，榨取豌豆鸡
   汤汁。

3 将榨好的豌豆鸡汤汁倒入碗中。

4 把剩余的鸡汤倒入汤锅中，加入豌豆鸡汤汁。

5 用锅勺搅散，煮沸。

6 放入盐快速搅匀，调味，将煮好的豌豆糊装入碗中即可。

玉米奶露

原 料 鲜玉米粒100克，牛奶150
毫升

调 料 白糖12克

做 法

1 锅中注入清水烧开，放入鲜玉
米粒，煮1分30秒至熟，捞出。

2 把牛奶倒入汤锅中，放入白糖。
煮约2分钟至溶化，盛出。

3 取榨汁机，把煮熟的玉米粒倒
入杯中，加入牛奶，榨取玉米
奶露，将榨好的玉米奶露盛入
碗中即可。

奶香口蘑烧花菜

原 料 花菜、西蓝花各180克，口
蘑100克，牛奶100毫升

调 料 盐3克，鸡粉2克，料酒
5毫升，水淀粉、食用油各适量

做 法

1 花菜、西蓝花切小朵；口蘑切
十字花刀。

2 锅中注水烧开，加入盐、口
蘑、食用油、花菜、西蓝花，
煮至食材断生，捞出沥干水
分；用油起锅，倒入煮好的食
材、料酒、清水、牛奶、盐、
鸡粉、水淀粉，炒熟即可。

原 料 猪肝300克，白菜200克，姜片、葱段、蒜末各少许

调 料 盐、鸡粉、料酒、水淀粉、豆瓣酱、生抽、食用油
各适量

做 法

1 将洗净的白菜切细丝。

2 猪肝切薄片，加盐、鸡粉、料酒、水淀粉，拌匀腌渍。

3 白菜丝焯水，捞出。

4 用油起锅，倒入姜片、葱段、蒜末、豆瓣酱，炒散。

5 倒入猪肝片，炒至变色；淋入料酒，炒匀。

6 注入清水，淋入生抽，放盐、鸡粉、水淀粉拌匀即成。

水煮猪肝

豌豆炒牛肉粒

原料 牛肉260克，彩椒20克，豌豆300克，姜片少许

调料 盐、鸡粉、料酒、食粉、水淀粉、食用油各适量

做法

1. 将洗净的彩椒切成丁；豌豆、彩椒，焯水，捞出待用。

2. 洗好的牛肉切成粒，加盐、料酒、食粉、水淀粉、食用油，拌匀腌渍，滑油。

3. 用油起锅，放入姜片，爆香；倒入牛肉，炒匀。

4. 淋入料酒，炒香；倒入焯过水的食材，炒匀；加盐、鸡粉、料酒、水淀粉，翻炒均匀即可。

原 料 包菜200克，肉末70克，姜末、蒜末各少许

调 料 盐、鸡粉、料酒、生抽、水淀粉、食用油各适量

做 法

1 将洗净的包菜切成小块，装入盘中待用。

2 锅中注入水烧开，放入食用油，加适量盐，倒入包菜，搅匀，煮2分钟至熟，捞出待用。

3 用油起锅，倒入肉末，炒至转色。

4 放料酒、生抽、姜末、蒜末、包菜炒匀。

5 倒入少许清水，翻炒片刻。

6 放入盐、鸡粉、水淀粉，拌炒入味即可。

肉末包菜

白菜梗拌胡萝卜丝

原料 白菜梗120克,胡萝卜200克,青椒35克,蒜末、葱花各少许

调料 盐3克,鸡粉2克,生抽3毫升,陈醋6毫升,芝麻油适量

做 法

1 白菜梗、胡萝卜、青椒切丝。

2 锅中注入清水烧开,加入盐、胡萝卜丝、白菜梗、青椒丝,煮约半分钟,捞出,装入碗中,加入盐、鸡粉、生抽、陈醋、芝麻油、蒜末、葱花,拌至食材入味,盛入盘中即成。

奶香玉米烙

原料 鲜玉米粒150克,牛奶100毫升

调料 盐2克,白糖6克,生粉、食用油各适量

做 法

1 锅中注入清水烧开,放入盐、鲜玉米粒,煮至断生,捞出,沥干水分。

2 碗中加入白糖、牛奶、生粉,拌至白糖完全溶化,放入食用油、煮熟的玉米粒,制成玉米饼生坯。

3 煎锅中注入食用油,下入饼坯,煎至两面熟透,盛出煎好的玉米烙,放在盘中,食用时分成小块即可。

洋葱土豆饼

原 料 洋葱60克，土豆200克，面粉50克

调 料 盐4克，鸡粉2克，芝麻油5毫升，食用油适量

做 法

1 洗净去皮的土豆、洋葱切成丝，焯水，捞出。

2 将洋葱、土豆装入碗中，加入盐、鸡粉、芝麻油、面粉，搅拌均匀。

3 取一个盘子，倒入食用油，放入洋葱和土豆，压成饼状，抹上芝麻油，制成土豆饼生坯。

4 煎锅中倒入食用油烧热，放入土豆饼生坯煎至两面金黄即可。

原 料 鸡蛋 2 个，配方奶粉 10 克，低筋面粉 75 克

调 料 食用油适量

牛奶薄饼

做 法

1 将鸡蛋打开，取蛋清装入碗中，搅拌至蛋清变成白色。

2 碗中放入配方奶粉、低筋面粉，搅拌至面粉起劲。

3 注入少许食用油，搅拌至食材呈米黄色，制成牛奶面糊。

4 煎锅中注油烧热，倒入牛奶面糊，摊开，铺匀。

5 用小火煎成饼型，至散发出焦香味。

6 翻转面饼，再煎片刻，至两面熟透即成。

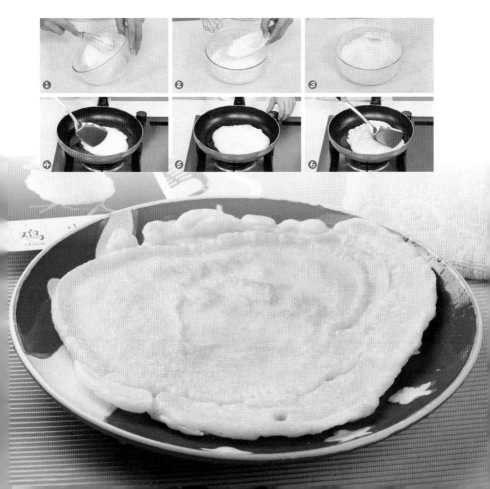

原料 水发大米 300 克，生蚝 150 克，熟白芝麻适量，葱花、姜末、蒜末各少许

调料 生抽 5 毫升，料酒 4 毫升，胡椒粉、芝麻油各适量

做法

1 生蚝加葱花、姜末、蒜末、料酒、生抽，拌匀腌渍。

2 生蚝蒸熟，取出放凉待用。

3 砂锅中注水，倒入水发大米，用小火煮 20 分钟至大米熟软。

4 放入蒸好的生蚝，再加入生抽、芝麻油、胡椒粉，拌匀，用小火焖 10 分钟至入味，装入碗中，撒上熟白芝麻即可。

生蚝焖饭

原 料 水发大米 150 克，金针菇 50 克，三文鱼 50 克，葱花、枸杞各少许

调 料 盐 3 克，生抽适量

做 法

1 洗净的金针菇切去根部，切成小段。

2 洗好的三文鱼切丁，加入盐，拌匀，腌渍片刻。

3 取一空碗，倒入水发大米，放 180 毫升清水，加入生抽、三文鱼丁拌匀。

4 放入金针菇，拌匀。

5 蒸锅中注水烧开，将备好食材的碗放入锅中，中火蒸 40 分钟至熟透。

6 揭盖，取出蒸好的饭，撒上葱花、枸杞即可。

三文鱼蒸饭

原料　水发木耳40克，鸡蛋2个，西蓝花100克，蒜末、葱段各少许

调料　盐、鸡粉、生抽、料酒、水淀粉、食用油各适量

木耳鸡蛋西蓝花

做法

1 洗好的木耳、西蓝花切块，焯水。

2 鸡蛋打入碗中，加盐，打散、调匀，炒熟，盛出备用。

3 锅中倒入食用油，放蒜末、葱段爆香；倒入木耳和西蓝花，炒匀。

4 放料酒、炒好的鸡蛋、盐、鸡粉、生抽、水淀粉快速炒匀即可。

原 料 猕猴桃 70 克，水发银耳 100 克，葡萄干少量

调 料 冰糖 20 克

做 法

1 泡发好的银耳切去黄色根部，再切小块。

2 去皮的猕猴桃切片，备用。

3 银耳焯水，捞出，沥干水分，备用。

4 砂锅中注水烧开，放入焯过水的银耳，用小火煮 10 分钟。

5 放入猕猴桃、冰糖，煮至溶化。

6 搅拌均匀，使味道更均匀，盛入碗中，加入葡萄干点缀即可。

猕猴桃银耳羹

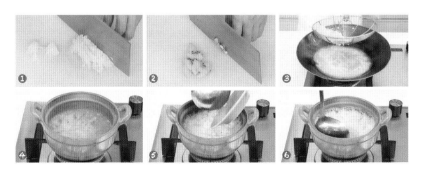

原 料 茭白 200 克，鸡蛋 3 个，葱花少许

调 料 盐 3 克，鸡粉 3 克，水淀粉 5 毫升，食用油适量

做 法

1 洗净去皮的茭白切成片，焯水，捞出。

2 鸡蛋打入碗中，放入少许盐、鸡粉，调匀，炒熟。

3 锅底留油，将茭白倒入锅中，翻炒片刻。

4 放入盐、鸡粉，炒匀调味。

5 倒入炒好的鸡蛋，略炒几下；加入葱花，翻炒匀。

6 淋入水淀粉快速翻炒均匀，盛入盘中即可。

茭白炒鸡蛋

核桃枸杞肉丁

原 料 核桃仁40克,瘦肉120克,枸杞5克,姜片、蒜末、葱段各少许

调 料 盐、鸡粉各少许,食粉2克,料酒4毫升,水淀粉、食用油各适量

做 法

1 将洗净的瘦肉切丁,装入碗中,放入盐、鸡粉、水淀粉、食用油,拌匀。

2 锅中放清水,加食粉、核桃仁,核桃仁需提前用开水浸泡10分钟,取出后用牙签剔去外衣。

3 热锅注油,放核桃仁,炸香,盛出备用。锅留底油,放入姜片、蒜末、葱段、瘦肉丁、料酒、枸杞、盐、鸡粉、核桃仁,炒熟即成。

茄汁莲藕炒鸡丁

原 料 西红柿100克,莲藕130克,鸡胸肉200克,蒜末、葱段各少许

调 料 盐、鸡粉、水淀粉、白醋、番茄酱、白糖、料酒、食用油各适量

做 法

1 莲藕切丁;西红柿切小块;鸡胸肉切丁,装碗,加盐、鸡粉、水淀粉、食用油,拌匀腌渍。

2 锅中注水烧开,加盐、白醋,放入藕丁煮熟捞出;用油起锅,放蒜末、葱段爆香,放入鸡肉丁、料酒、西红柿块、藕丁炒熟,加番茄酱、盐、白糖炒匀调味即成。

原 料 鸡胸肉 200 克，荸荠肉 30 克

调 料 盐、鸡粉、白糖、番茄酱、水淀粉、食用油各适量

做 法

1 将洗好的荸荠肉剁末。

2 洗净的鸡胸肉切丁。

3 取来搅拌机，放入鸡胸肉肉丁，绞成肉末，放在碗中。

4 往鸡胸肉肉末中加盐、鸡粉、水淀粉、荸荠肉末，拌匀，使肉末起劲。

5 锅中注油烧热，制成若干等份的小肉丸，炸熟，捞出。

6 锅底留油，放入番茄酱、白糖，炒至白糖溶化；倒入肉丸，炒至入味，淋上水淀粉勾芡即成。

茄汁鸡肉丸

紫苏烧鲤鱼

原 料 鲤鱼1条，紫苏叶30克，姜片、蒜末、葱段各少许

调 料 盐、鸡粉、生粉、生抽、水淀粉、食用油各适量

做 法

1 洗净的紫苏叶切成段；处理好的鲤鱼撒上盐、鸡粉、生粉，腌渍。

2 热锅注油烧热，放入鲤鱼，炸至金黄色，装入盘中，备用。

3 锅底留油，放姜片、蒜末、葱段爆香；注水，加生抽、盐、鸡粉、鲤鱼，煮2分钟至入味。

4 倒入紫苏叶，继续煮片刻至熟软；把鲤鱼装入盘中，把锅中的汤汁加热，取适量的水淀粉勾芡，浇在鱼身上即可。

苹果蔬菜沙拉

原 料 苹果100克，西红柿150克，黄瓜90克，生菜50克，牛奶30毫升

调 料 沙拉酱10克

做 法

1. 洗净的西红柿切片，洗好的黄瓜切片，洗净的苹果去核，切片。
2. 将食材装入碗中，倒入牛奶、沙拉酱，拌匀。
3. 把洗好的生菜叶垫在盘底，装入做好的果蔬沙拉即可。

虾仁四季豆

原 料 四季豆200克，虾仁70克，姜片、蒜末、葱白各少许

调 料 盐4克，鸡粉3克，料酒4毫升，食用油各适量

做 法

1. 四季豆切段，虾仁去虾线；虾仁装碗，放盐、鸡粉、水淀粉、食用油。
2. 锅中注水，加食用油、盐、四季豆，煮至断生；用油起锅，放姜片、蒜末、葱白、虾仁、四季豆、料酒、盐、鸡粉，翻炒均匀，炒熟即可装盘。

紫甘蓝雪梨玉米沙拉

原 料 紫甘蓝 90 克，雪梨 120 克，黄瓜 100 克，西芹 70 克，鲜玉米粒 85 克

调 料 盐 2 克，沙拉酱 15 克

做 法

1 将西芹、黄瓜切丁，雪梨去核，切小块，紫甘蓝切小块。

2 锅中注入清水烧开，放入盐、鲜玉米粒，煮半分钟至断生，加入紫甘蓝，再煮半分钟，捞出，沥干水分。

3 将西芹丁、雪梨块、黄瓜丁放入碗中，加入紫甘蓝、玉米粒、沙拉酱，拌匀，将拌好的沙拉装入盘中即可。

白灵菇炒鸡丁

原 料 白灵菇 200 克，彩椒 60 克，鸡胸肉 230 克，姜片、蒜末、葱花各少许

调 料 盐 4 克，鸡粉 4 克，料酒 5 毫升，水淀粉、食用油各适量

做 法

1 彩椒、白灵菇切丁，洗净的鸡胸肉切丁；将鸡肉丁放入碗中，加盐、鸡粉、水淀粉、食用油，拌匀。

2 热锅注油，倒入鸡肉丁，滑油至变色，捞出；锅底留油，倒入姜片、蒜末、葱花、彩椒、白灵菇丁、鸡肉丁、料酒、盐、鸡粉，炒熟即可。

原 料 鲜玉米粒 100 克，水发山楂 20 克，姜片、葱段各少许

调 料 盐 3 克，鸡粉 2 克，水淀粉、食用油各适量

做 法

1 锅中注入适量清水，用大火烧开，加入适量盐，倒入鲜玉米粒，搅拌几下，焯煮 1 分钟。

2 放入泡发洗好的山楂，焯煮片刻。

3 捞出焯煮好的玉米粒和山楂，沥干水分，装入盘中备用。

4 另起锅，注入适量食用油，烧热后下入姜片、葱段，炒香。

5 倒入焯煮好的玉米粒和山楂，快速翻炒均匀。

6 加入盐、鸡粉、水淀粉，快速翻炒入味即成。

山楂玉米粒

原　料 莴笋200克，板栗肉100克，蒜末、葱段各少许

调　料 盐3克，蚝油7克，水淀粉、芝麻油、食用油各适量

做　法

1. 将洗净去皮的莴笋切滚刀块。
2. 板栗肉、莴笋块焯水，捞出。
3. 用油起锅，放入蒜末、葱段，爆香；倒入板栗肉和莴笋块，炒香。
4. 放入蚝油炒匀，注水，加入盐，搅匀调味。
5. 盖上锅盖，用小火焖煮约7分钟至食材熟透。
6. 揭盖，倒入水淀粉、芝麻油，炒至入味即成。

莴笋烧板栗

茼蒿黑木耳炒肉

原 料 茼蒿100克，瘦肉90克，水发木耳45克，姜片、蒜末、葱段各少许

调 料 盐3克，鸡粉2克，料酒4毫升，生抽5毫升、水淀粉、食用油各适量

做 法

1 木耳洗净切块，焯水；洗净的茼蒿切成段。

2 瘦肉洗净切片，加盐、鸡粉、水淀粉、食用油，腌渍入味。

3 用油起锅，放姜、蒜、葱爆香；放肉片、料酒、茼蒿、水、木耳、盐、鸡粉、生抽、水淀粉，炒熟即成。

吉利香蕉虾枣

原 料 虾胶100克，香蕉1根，鸡蛋1个，面包糠200克

调 料 生粉、食用油各适量

做 法

1 鸡蛋取蛋黄，打散调匀；香蕉切段，去果皮，果肉蘸生粉；虾胶挤成小虾丸，蘸生粉，放入盘中，待用。

2 把香蕉果肉塞入小虾丸中，滚上蛋黄、面包糠，搓成大枣状，制成虾枣生坯。

3 热锅注油烧热，放入虾枣生坯，用小火炸熟即成。

萝卜炖牛肉

原料 胡萝卜120克，白萝卜230克，牛肉270克，姜片少许

调料 盐2克，老抽2毫升，生抽6毫升，水淀粉6毫升

做法

1 将白萝卜、胡萝卜洗净去皮切块；洗好的牛肉切成块，备用。

2 锅中注水烧热，放牛肉、姜片、老抽、生抽、盐，煮开后转小火稍煮。

3 倒入白萝卜、胡萝卜，用中小火煮十分钟，倒入水淀粉，炖至食材熟软入味即可。

西红柿烧牛肉

原料 西红柿90克，牛肉100克，姜片、蒜片、葱花各少许

调料 盐3克，鸡粉、白糖各2克，番茄汁15克，料酒、水淀粉、食粉、食用油各适量

做法

1 西红柿洗净切块；牛肉洗净切片，加食粉、盐、鸡粉、水淀粉、食用油，腌渍。

2 用油起锅，下姜片、蒜片爆香；倒入牛肉片、料酒，炒香。

3 放西红柿，炒匀；加水、盐、白糖，拌匀，焖熟，放番茄汁炒入味，装入碗中，撒上葱花即可。

原 料 猪肉 240 克，西芹 90 克，胡萝卜少许

调 料 盐 3 克，鸡粉 2 克，水淀粉 9 毫升，料酒 3 毫升，食用油适量

做 法

1 洗净的胡萝卜切条。

2 洗净的西芹切粗条。

3 猪肉洗净切丝，加盐、料酒、水淀粉、食用油，腌渍入味。

4 胡萝卜、西芹焯水。

5 起锅倒油，倒入肉丝，翻炒片刻至其变色。

6 倒入焯过水的胡萝卜、西芹，加入适量盐、鸡粉、水淀粉，炒匀调味，装入盘中即可。

西芹炒肉丝

原 料 净鲳鱼400克，甜面酱、蒜末、姜片、葱段各少许

调 料 盐、鸡粉、生粉、老抽、料酒、生抽、水淀粉、食用油各适量

酱烧鲳鱼

做 法

1 鲳鱼放盐、鸡粉、料酒、生抽、生粉，腌渍。

2 热锅注油烧热，放入鲳鱼，用中小火炸熟，捞出待用。

3 用油起锅，放姜片、蒜末爆香；注水，加盐、鸡粉、甜面酱、生抽、老抽，拌匀煮沸。

4 倒入鲳鱼，浇上汤汁，煮至入味，将鲳鱼盛入盘中，锅中汤汁加水淀粉拌匀，浇在鱼身上，撒上葱段即成。

第 3 章
高上桌率的长高菜，让孩子身高不"掉队"

😊 美味炒菜 🍲

酸甜西红柿焖排骨

原 料 排骨段350克，西红柿120克，蒜末、葱花各少许

调 料 生抽4毫升，盐2克，鸡粉2克，料酒、番茄酱、红糖、食用油各适量

做 法

1. 西红柿洗净，去皮，切块；排骨段余水，捞出。
2. 用油起锅，放蒜末爆香；放排骨段、料酒，炒匀。
3. 加入生抽、水、盐、鸡粉、红糖、西红柿、番茄酱炒匀，小火焖煮熟，撒上葱花即可。

茼蒿炒豆腐

原 料 鸡蛋2个，豆腐200克，茼蒿100克，蒜末少许

调 料 盐3克，水淀粉9毫升，生抽10毫升，食用油适量

做 法

1. 鸡蛋加盐、水淀粉，打散调匀，炒熟；洗好的豆腐切块，焯水；洗净的茼蒿切成段。
2. 锅中注油烧热，放入蒜末，倒入茼蒿，炒至熟软。
3. 放入豆腐、炒熟的鸡蛋、生抽、盐、水、水淀粉快速炒匀，盛出即可。

原 料 冬瓜 170 克，虾皮 60 克，葱花少许

调 料 料酒、水淀粉各少许，食用油适量

做 法

1 将洗净去皮的冬瓜切成小丁块，备用。

2 锅内倒入适量食用油，放入虾皮，拌匀。

3 淋入少许料酒，炒匀提味。

4 放入冬瓜丁，炒匀；注入少许清水，拌匀。

5 盖上锅盖，用中火煮 3 分钟至食材熟透。

6 倒入少许水淀粉，翻炒均匀，装入盘中，撒上葱花即可。

虾皮炒冬瓜

原 料 腰果50克，大白菜350克，葱条20克

调 料 盐2克，鸡粉2克，水淀粉、食用油各适量

做 法

1 将洗净的大白菜切成小块，待用。

2 热锅注油，烧至三成热，放入腰果，炸出香味，捞出，
   装入盘中，备用。

3 锅底留油，放入葱条，爆香。

4 将葱条捞出，放入大白菜，翻炒匀。

5 加入盐、鸡粉，炒匀调味。

6 倒入适量水淀粉翻炒均匀，盛入碗中，放上腰果即成。

腰果葱油白菜心

原 料 香干 120 克，胡萝卜 70 克，核桃仁 35 克，芹菜段 60 克

调 料 盐 2 克，鸡粉 2 克，水淀粉、食用油各适量

核桃仁芹菜炒香干

做 法

1 将洗净的香干切细条形；洗好的胡萝卜切粗丝，备用。

2 热锅注油，烧至三四成热，倒入备好的核桃仁，炸出香味，捞出待用。

3 用油起锅，倒入洗好的芹菜段、胡萝卜丝、香干炒匀。

4 加盐、鸡粉、水淀粉，翻炒至食材入味，倒入炸好的核桃仁，炒匀，关火后盛出炒好的菜肴，装入盘中即可。

胡萝卜炒蛋

原 料 胡萝卜100克, 鸡蛋2个, 葱花少许

调 料 盐4克, 鸡粉2克, 水淀粉、食用油各适量

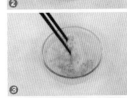

做 法

1 将去皮洗净的胡萝卜切成粒, 焯水。

2 鸡蛋打入碗中, 打散调匀。

3 把胡萝卜粒倒入蛋液中, 加入盐、鸡粉、水淀粉、葱花, 搅拌匀。

4 用油起锅, 倒入调好的蛋液, 翻炒至成型, 盛出装盘即可。

原 料 豆腐130克，西红柿60克，草鱼肉60克，姜末、蒜末、葱花各少许

调 料 番茄酱10克，白糖6克，食用油适量

做 法

1 把洗好的豆腐压烂，剁成泥；将洗净的草鱼肉切成丁。

2 洗好的西红柿去蒂切块。

3 烧开蒸锅，放入鱼肉、西红柿蒸熟，取出分别剁成泥。

4 用油起锅，下入姜末、蒜末，爆香。

5 倒入鱼肉泥，拌炒片刻；倒入豆腐泥，拌炒匀。

6 加入番茄酱、清水、西红柿、白糖，拌炒均匀，装入碗中，撒上葱花即可。

鱼泥西红柿豆腐

原 料 日本豆腐110克，虾仁60克，豌豆50克

调 料 盐、鸡粉、生粉、老抽、生抽、水淀粉、食用油各适量

做 法

1 将日本豆腐切小块。

2 洗净的虾仁放盐、鸡粉、水淀粉，拌匀。

3 把日本豆腐摆在盘中，撒上生粉，放上虾仁、豌豆，再撒上盐，制成玉子虾仁，静置片刻。

4 蒸锅上火烧开，放入玉子虾仁，蒸熟，取出。

5 另起油锅烧热，加入生抽、老抽、盐、鸡粉，拌匀；倒入水淀粉，制成味汁。

6 将味汁浇在蒸好的玉子虾仁上即成。

玉子虾仁

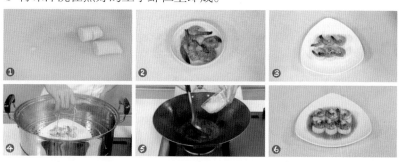

山药木耳炒核桃仁

原 料 山药90克，水发木耳40克，西芹50克，核桃仁30克，白芝麻少许

调 料 盐3克，白糖10克，生抽3毫升，水淀粉4毫升，食用油适量

做 法

1 山药切片，木耳、西芹切小块；分别焯水，捞出沥干水分。

2 用油起锅，放核桃仁炸香；锅底留油，放白糖、核桃仁、白芝麻稍炸，放山药、木耳、西芹炒熟，加盐、生抽、白糖、水淀粉，炒匀调味即可。

肉末木耳

原 料 肉末70克，水发木耳35克，胡萝卜40克

调 料 盐少许，生抽、高汤、食用油各适量

做 法

1 将洗净的胡萝卜切粒；把水发好的木耳切粒。

2 用油起锅，倒入肉末，炒至变色，加入胡萝卜、生抽，炒匀，放入木耳、高汤，炒匀。

3 加入盐，将锅中食材炒匀调味，盛入碗中即可。

原 料 豆腐 200 克，熟鹌鹑蛋 45 克，肉汤 100 毫升

调 料 鸡粉 2 克，盐少许，生抽 4 毫升，水淀粉、食用油各适量

豆腐蒸鹌鹑蛋

做 法

1 洗好的豆腐切成条形。

2 熟鹌鹑蛋去皮，对半切开。

3 把豆腐装入蒸盘，挖小孔，再放入鹌鹑蛋，摆好，撒上盐。

4 蒸锅上火烧开，放入蒸盘，用中火蒸约 5 分钟至熟，取出。

5 用油起锅，放肉汤、生抽、鸡粉、盐，搅匀。

6 倒入水淀粉，搅匀，制成味汁，浇在豆腐上即可。

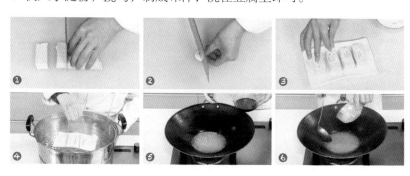

原 料 鱿鱼 120 克，花菜 130 克，洋葱 100 克，南瓜 80
克，肉馅 90 克，葱花少许

调 料 盐 3 克，鸡粉 4 克，生粉、黑芝麻油、叉烧酱、水
淀粉、食用油各适量

鱿鱼丸子

做 法

1 花菜洗净切块；南瓜切小块；洋葱剁成末；鱿鱼剁成泥。

2 花菜、南瓜焯水；鱿鱼肉泥加盐、鸡粉、生粉、洋葱
   末、黑芝麻油、葱花，拌匀。

3 将鱿鱼肉泥挤成肉丸，放入沸水锅中煮熟，捞出；将
   花菜、南瓜、肉丸摆入盘中。

4 用油起锅，放叉烧酱、盐、鸡粉、水淀粉，调成稠汁，
   浇在盘中食材上即可。

金针菇拌黄瓜

原料 金针菇110克，黄瓜90克，胡萝卜40克，蒜末、葱花各少许

调料 盐3克，食用油2毫升，陈醋3毫升，生抽5毫升，鸡粉、辣椒油、芝麻油各适量

做 法

1 将洗净的黄瓜、胡萝卜切丝，金针菇洗净切段。

2 锅中注水，放食用油、盐、胡萝卜丝、金针菇段，煮至熟透；捞出后加黄瓜丝、盐、蒜末、葱花、鸡粉、陈醋、生抽、辣椒油、芝麻油，拌匀即可。

香煎三文鱼

原料 三文鱼180克，葱条、姜丝各少许

调料 盐2克，生抽4毫升，鸡粉、白糖各少许，料酒、食用油各适量

做 法

1 将洗净的三文鱼装入碗中，加入生抽、盐、鸡粉、白糖、姜丝、葱条、料酒，抓匀，腌渍15分钟。

2 炒锅中注入食用油烧热，放入三文鱼，煎约1分钟至两面金黄。

3 把煎好的三文鱼盛出，装入盘中。

莴笋炒蛤蜊

原 料 莴笋、胡萝卜各 100 克，熟蛤蜊肉 80 克，姜片、蒜末、葱段各少许

调 料 盐、鸡粉、蚝油、料酒、水淀粉、食用油各适量

做 法

1 将洗净去皮的胡萝卜、莴笋切片，焯水。

2 用油起锅，放姜片、蒜末、葱段，爆香。

3 倒入熟蛤蜊肉、料酒、莴笋片、胡萝卜片，用大火炒匀至食材熟软。

4 转小火，放入蚝油、盐、鸡粉、水淀粉，炒熟即成。

芦笋鲜蘑菇炒肉丝

原 料 芦笋75克，口蘑60克，猪肉110克，蒜末少许

调 料 盐2克，鸡粉2克，料酒5毫升，水淀粉、食用油各适量

做 法

1　洗净的口蘑、芦笋切成条形，焯水。

2　洗净的猪肉切成细丝，加盐、鸡粉、水淀粉、食用油，腌渍10分钟。

3　热锅注油，烧至四五成热，倒入肉丝快速搅散，滑油至变色，捞出备用。

4　锅底留油烧热，倒入蒜末炒香；倒入焯过水的口蘑、芦笋，放入猪肉丝、料酒、盐、鸡粉，炒匀调味；倒入水淀粉炒匀即可。

原 料 猪肝160克，花菜200克，胡萝卜片、姜片、蒜末、葱段各少许

调 料 盐、鸡粉、生抽、料酒、水淀粉、食用油各适量

做 法

1 将洗净的花菜切成小朵，焯水。

2 洗好的猪肝切片，加盐、鸡粉、料酒、食用油，腌渍入味。

3 用油起锅，放入胡萝卜片、姜片、蒜末、葱段，用大火爆香。

4 倒入猪肝，翻炒至其松散、转色。

5 倒入焯好的花菜，淋上少许料酒，炒香、炒透。

6 转小火，加入盐、鸡粉，淋入生抽、水淀粉，翻炒均匀即成。

猪肝炒花菜

原 料 菠萝肉 75 克，草鱼肉 150 克，姜片、蒜末、葱段各少许

调 料 豆瓣酱、盐、鸡粉、料酒、水淀粉、食用油各适量

做 法

1 将菠萝肉洗净切片。

2 把草鱼肉切片，加盐、鸡粉、水淀粉、食用油，腌渍入味。

3 热锅注油烧热，放入鱼片，滑油至断生，捞出待用。

4 用油起锅，放姜片、蒜末、葱段，爆香；倒入菠萝肉，炒匀。

5 倒入鱼片，加入盐、鸡粉，放入豆瓣酱。

6 淋入料酒，倒入水淀粉翻炒入味即成。

菠萝炒鱼片

黄鱼蛤蜊汤

原 料 黄鱼400克，蛤蜊300克，西红柿100克，姜片少许

调 料 盐、鸡粉各2克，食用油适量

做 法

1 西红柿洗净，去皮，切小瓣。

2 黄鱼洗净，切上花刀；蛤蜊煮熟，取出肉。

3 起锅烧油，煎香黄鱼；加水放姜片略煮后放入西红柿块、蛤蜊肉烧开，加盐、鸡粉煮入味即可。

鲜菇西红柿汤

原 料 玉米粒60克，青豆55克，西红柿90克，平菇50克，高汤200毫升，姜末少许

调 料 盐2克，水淀粉3毫升，食用油适量

做 法

1 平菇切粒；西红柿切丁。

2 用油起锅，倒入姜末、平菇粒，炒匀，加入洗好的青豆、玉米粒，倒入高汤、盐，煮4分钟至食材熟透。

3 倒入西红柿、水淀粉，把锅中的食材拌匀，将煮好的汤盛出。

原 料 豆腐200克，生蚝肉120克，鲜香菇40克，姜片、葱花各少许

调 料 盐3克，鸡粉、胡椒粉各少许，料酒4毫升，食用油适量

做 法

1 将洗净的香菇切成片状。

2 洗好的豆腐切成小方块，生蚝肉洗净，分别余水。

3 用油起锅，放入姜片爆香；倒入香菇片，翻炒匀；放入生蚝肉，翻炒几下；淋入料酒，炒香、炒透，倒入约600毫升清水，用大火煮至汤汁沸腾。

4 倒入豆腐块，加入盐、鸡粉，拌匀调味，待汤汁沸腾时撒上少许胡椒粉，炖煮入味，盛入碗中，撒上葱花即成。

生蚝豆腐汤

原 料 鲜玉米粒100克，配方牛奶150毫升

调 料 盐少许

做 法

1 取来榨汁机，倒入洗净的玉米粒。

2 加入清水，盖上盖子。

3 通电后选择"搅拌"功能，榨成玉米汁，倒出。

4 汤锅上火烧热，倒入玉米汁，慢慢搅拌几下。

5 煮至汁液沸腾。

6 倒入配方牛奶，搅拌匀，煮沸，加盐，拌匀即成。

玉米浓汤

丝瓜虾皮猪肝汤

原料 丝瓜90克，猪肝85克，虾皮12克，姜丝、葱花各少许

调料 盐3克，鸡粉3克，水淀粉2毫升，食用油适量

做法

1. 丝瓜洗净去皮切片；猪肝洗净切片，放盐、鸡粉、水淀粉、食用油，腌渍。
2. 锅热倒油，放姜丝爆香，放虾皮炒香；倒入清水，用大火煮沸。
3. 倒入丝瓜，加盐、鸡粉、猪肝，煮沸，将锅中汤料盛出装入碗中，再将葱花撒入汤中即可。

西芹丝瓜胡萝卜汤

原料 丝瓜、西芹、胡萝卜、瘦肉、冬瓜、水发香菇、姜片各少许

调料 盐、鸡粉各2克，胡椒粉少许，料酒7毫升，芝麻油适量

做法

1. 冬瓜、丝瓜、胡萝卜切块，西芹斜刀切段，瘦肉、香菇切块，锅中加清水，加瘦肉、料酒，余煮去除血渍，捞出。
2. 锅中加清水、瘦肉、姜片、香菇、胡萝卜、冬瓜块、西芹段、料酒，煮至断生。
3. 放丝瓜、盐、鸡粉、胡椒粉、芝麻油，煮熟，盛出即可。

原料 鲫鱼一条，豆腐 200 克，牛奶 90 毫升，姜丝、葱花各少许

调料 盐 2 克，鸡粉少许

做法

1 洗净的豆腐切成小方块。

2 处理干净的鲫鱼煎至两面断生，盛出备用。

3 锅中注水烧开，放姜丝、鲫鱼、鸡粉、盐，搅匀，撇去浮沫。

4 盖上锅盖，用中火煮约 3 分钟至鱼肉熟软。

5 揭盖，放入豆腐块、牛奶，轻轻搅拌均匀。

6 用小火煮约 2 分钟至豆腐入味，装入汤碗中，撒上少许葱花即成。

牛奶鲫鱼汤

原 料 水发大米 120 克，燕麦 85 克，核桃仁、巴旦木仁各 35 克，腰果、葡萄干各 20 克

做 法

1 把干果放入榨汁机干磨杯中，磨成粉末状，倒出，待用。

2 砂锅中注入适量清水烧开，倒入洗净的大米，搅散。

3 加入洗好的燕麦，搅拌均匀。

4 盖上盖，用小火煮 30 分钟至食材熟透。

5 揭开盖，倒入干果粉末。

6 放入部分洗好的葡萄干，搅拌均匀，煮片刻，盛入碗中，撒上剩余的葡萄干即可。

果仁燕麦粥

原 料 黑芝麻 15 克，核桃仁 30 克，糙米 120 克

调 料 白糖 6 克

做 法

1 将核桃仁倒入木臼，压碎，倒入碗中备用。

2 汤锅中注清水烧热，倒入洗净的糙米，拌匀。

3 盖上盖，煮 30 分钟至糙米熟软。

4 倒入备好的核桃仁，拌匀。

5 盖上盖，用小火煮 10 分钟至食材熟烂。

6 放入黑芝麻、白糖，拌匀，煮至白糖溶化，盛入碗中
   即可。

黑芝麻核桃粥

原料 豆腐干50克，瘦肉65克，软饭150克，葱花少许

调料 盐少许，鸡粉2克，生抽4毫升，水淀粉3毫升，料酒2毫升，芝麻油2克，食用油适量

做 法

1 将洗好的豆腐干切成丁。

2 洗净的瘦肉切成丁，放盐、鸡粉、水淀粉、食用油，拌匀，腌渍入味。

3 用油起锅，倒入肉丁，翻炒至变色。

4 放入豆腐干，翻炒均匀。

5 加料酒、生抽、软饭，快速翻炒均匀。

6 放入葱花、芝麻油拌炒入味，盛入碗中即可。

豆干肉丁软饭

清蒸排骨饭

原 料 米饭 170 克，排骨段 150 克，上海青 70 克，蒜末、葱花各少许

调 料 盐 3 克，鸡粉 3 克，生抽、料酒、生粉、芝麻油各适量

做 法

1 洗净的上海青对半切开，焯水后捞出，待用。

2 把洗好的排骨段加盐、鸡粉、生抽、蒜末、料酒、生粉、芝麻油拌匀，装入蒸盘，腌渍。

3 蒸锅上火烧开，放入蒸盘，用中火蒸约 15 分钟，取出蒸盘，放凉待用。

4 将米饭装入盘中，摆上焯熟的上海青，放入蒸好的排骨，点缀上葱花即可。

原 料 鸡蛋1个，土豆、胡萝卜各35克，青豆40克，猪肝40克，米饭150克，葱花少许

调 料 盐2克，鸡粉少许，食用油适量

做 法

1 将去皮洗净的胡萝卜切成粒；去皮洗净的土豆切成丁。

2 洗好的猪肝剁成细末；鸡蛋打入碗中，搅散，制成蛋液。

3 用油起锅，倒入猪肝炒松散；放土豆丁、胡萝卜粒、水、盐、鸡粉、青豆，用小火焖煮8分钟至食材熟软。

4 倒入备好的米饭翻炒均匀，煮沸。

5 淋入蛋液，炒熟。

6 撒上葱花，炒香，盛入碗中即成。

什锦煨饭

肉羹饭

原料 鸡蛋1个，黄瓜40克，胡萝卜25克，瘦肉30克，米饭130克，葱花少许

调料 鸡粉2克，盐少许，水淀粉5克，料酒2毫升，芝麻油2毫升，食用油适量

做法

1 米饭装入碗中；黄瓜、胡萝卜洗净切丝，瘦肉洗净剁成末；鸡蛋打散调匀。

2 用油起锅，倒入肉末、料酒炒香，加水烧开，放胡萝卜、黄瓜、鸡粉、盐，煮沸。

3 倒入水淀粉勾芡，放芝麻油、蛋液、葱花拌匀，盛在热米饭上即可。

鲜蔬牛肉饭

原料 软饭150克，牛肉70克，胡萝卜35克，西蓝花、洋葱各30克，小油菜40克

调料 盐3克，鸡粉2克，生抽5毫升，水淀粉、食用油各适量

做法

1 小油菜洗净切段，胡萝卜洗净切片，西蓝花洗净切小朵，分别焯水。

2 洋葱洗净切块，牛肉洗净切片，放生抽、鸡粉、水淀粉、食用油，腌渍入味。

3 用油起锅，倒入牛肉片、洋葱、软饭，炒匀；加生抽、盐、鸡粉，炒匀，下入焯过水的食材炒熟即成。

原 料 冷米饭170克，虾仁50克，雪菜70克，葱花少许

调 料 盐、鸡粉、胡椒粉各2克，水淀粉、芝麻油、食用油各适量

做 法

1 洗净的雪菜切碎，焯水。

2 洗好的虾仁切成小块，加盐、鸡粉、水淀粉，拌匀腌渍。

3 用油起锅，放入虾仁，炒至变色。

4 倒入米饭、雪菜，炒至熟透，加盐、鸡粉、胡椒粉、芝麻油、葱花，炒香，关火后盛出炒好的米饭即可。

排骨汤面

原料 排骨130克，面条60克，小白菜、香菜各少许

调料 料酒4毫升，白醋3毫升，盐、鸡粉、食用油各适量

做 法

1 将洗净的香菜切碎；洗好的小白菜切成段；将面条切成段。

2 锅中加水、洗净的排骨，加料酒、白醋，煮开后用小火稍煮，捞出排骨。

3 把面条放入汤中，搅拌匀，用小火煮熟，加盐、鸡粉、拌匀；放入小白菜、熟油、拌匀煮沸，加香菜即可。

土鸡高汤面

原料 土鸡块180克，菠菜、胡萝卜各75克，面条65克，高汤200毫升，葱花少许

调料 盐少许

做 法

1 将去皮洗净的胡萝卜切成丁；洗好的菠菜切碎；面条切小段。

2 汤锅中注水烧开，下入土鸡块，倒入高汤，煮沸后用小火煮15分钟，放入胡萝卜丁，用中火续煮3分钟。

3 下入面条，搅拌匀，煮熟，放入菠菜，调入盐，拌匀，再煮片刻至入味，盛入碗中，撒上葱花即成。

原　料　鸡蛋 2 个，菠菜 30 克，洋葱 35 克，胡萝卜 40 克

调　料　盐 2 克，鸡粉少许，食用油 4 毫升

鸡蛋蒸糕

做 法

1 将洗净去皮的胡萝卜切片。

2 洗净的洋葱剁成末。

3 胡萝卜片、菠菜焯水，放凉后剁成末。

4 鸡蛋加盐、鸡粉，搅拌；放胡萝卜末、菠菜末、洋葱末、
　清水、食用油，拌匀，制成蛋液。

5 取汤碗，倒入蛋液。

6 将装有蛋液的汤碗放入蒸锅，蒸约 12 分钟至全部食材熟
　透即成。

原 料 吐司面包两片，罐装金枪鱼肉 50 克，生菜叶 20克，西红柿 90 克，熟鸡蛋 1 个

做 法

1 将面包边缘修整齐；洗好的西红柿切片；熟鸡蛋切片。

2 将金枪鱼肉撕成细丝，备用。

3 取一片面包放在案板上，依次放上西红柿、金枪鱼肉。

4 放上鸡蛋，盖上洗好的生菜叶，再盖上一片面包，切成三角块即可。

原 料 鲈鱼肉 180 克，土豆 130 克，西蓝花 30 克，
奶酪 35 克

调 料 食用油适量

做 法

1 将去皮洗净的土豆切成小块；西蓝花焯水，剁成末。

2 土豆和鱼肉蒸熟，取出放凉。

3 鱼肉切成末，土豆压成泥。

4 把土豆泥装入大碗中，放入奶酪、鱼肉末、西蓝花末，
搅拌均匀，制成鱼肉团。

5 盘子抹上食用油，放入鱼肉团，压成薄饼状，即成奶酪
饼坯。

6 烧热煎锅，倒入食用油烧热，放入奶酪，饼坯煎熟即成。

鲜鱼奶酪煎饼

第 4 章

一日三餐巧安排，
助孩子"高"人一等

鸡蛋煎饺套餐

原 料

速冻饺子 6 个，鸡蛋 2 个，紫菜、虾皮各适量，橙子 1 个，葱花适量

调 料

食用油、盐、芝麻、芝麻油各适量

做 法

鸡蛋煎饺

1 将速冻饺子解冻；将鸡蛋打入碗中，加盐打成蛋液，备用。
2 平底锅里刷适量食用油，放入解冻后的饺子煎至其底部微黄。
3 沿着锅边淋入鸡蛋液，盖上锅盖，煎至蛋液凝固，撒上芝麻和葱花即可。

紫菜虾皮汤

1 将虾皮、紫菜分别洗净后，泡入冷水中，备用。
2 锅里倒入适量清水，烧开，放入虾皮和紫菜煮软，放入少许盐、芝麻油即可出锅。

橙子

搭配一个橙子。将橙子洗净后，切成 4 块即可。

营养加分

饺子内馅可以选择荤素搭配的菜肉或者虾仁、胡萝卜、玉米、青豆等。偶尔给孩子换个煎的做法，用蛋液代替水，仅仅看外观就很诱人。而紫菜和虾皮中的钙含量都很丰富，能促进孩子的骨骼生长。

香菇瘦肉青菜粥套餐

原料

香菇 10 克，里脊肉 30 克，青菜 40 克，大米 25 克，面粉 50 克，牛奶 30 毫升，酵母 1 克，黄瓜 60 克，鸡蛋 50 克

调料

芝麻酱、食用油、盐、白糖、醋、芝麻油、胡椒粉各适量

做 法

香菇瘦肉青菜粥

1 将香菇、青菜洗净后分别切小块，然后剁成末。

2 将里脊肉洗净后切片，加入盐、胡椒粉腌渍片刻。

3 大米洗净后放入锅中，快煮熟时滴几滴食用油，放入香菇末、青菜末、里脊肉片拌匀煮熟，放入少许盐出锅即可。

麻酱花卷

1 前一天晚上，取一个大碗放入面粉、牛奶和酵母，揉成面团，放置一晚上。

2 第二天，待面团发酵至两倍大，将面团搓成长条，再擀成长方形，上面抹上一层芝麻酱。

3 将面团像折扇面一样折叠起来，切成段，将每段两端用手捏住，反方向拧成形，粘牢。

4 醒发一会儿后，用大火蒸熟即可。

糖醋黄瓜+白煮蛋

1 将黄瓜洗净后切成小块，放入适量盐、白糖、醋、芝麻油拌匀即可。

2 鸡蛋洗净后，冷水下锅，煮约 8 分钟即可。

营养加分

　　芝麻含钙量很高，做成芝麻酱后更容易吸收。做花卷时抹一勺芝麻酱既有营养，又增加了花卷的风味。香菇瘦肉青菜粥非常鲜美，配上开胃的糖醋黄瓜，打开孩子沉睡的味蕾，孩子吃得也就香了。

荠菜鲜肉大馄饨套餐

原 料

速冻荠菜鲜肉大馄饨 8 个，鸡蛋 2 个，牛油果 120 克，橙子 1 个，牛奶 250 毫升，杏仁、葱花各适量

调 料

苹果醋、白糖、盐各适量

做 法

荠菜鲜肉大馄饨

1 锅中注入适量清水烧开。

2 将速冻荠菜鲜肉大馄饨解冻后，放入沸水锅中煮熟，撒上葱花即可。

牛油果鸡蛋沙拉

1 将鸡蛋洗净后，冷水下锅煮约 8 分钟后，取出放凉后剥除鸡蛋壳，将鸡蛋切块。

2 牛油果洗净后去核，并挖出果肉切块；将牛油果块、鸡蛋一起放在碗里。

3 另取一个小碗，放入苹果醋、白糖、盐调匀后，再倒入装有牛油果、鸡蛋的碗里，拌匀，最后撒上杏仁即可。

牛奶+橙子

早餐再给孩子搭配一杯牛奶和一个橙子，满足孩子的营养需求。

营养加分

　　荠菜的钙、维生素、膳食纤维含量都非常高，与肉一起做成馅包成馄饨，既有主食，又有蔬菜和肉。牛油果是水果中能量最高的一种，脂肪含量约 15%，含钾量比香蕉还高，纤维也丰富，这样拌来吃尤其爽口开胃。

全麦面包三明治套餐

原 料

全麦面包 2 片，肉末 50 克，黄瓜 30 克，生菜 50 克，西红柿 100 克，牛奶 250 毫升，奶酪 1 片，苹果 1 个

调 料

水淀粉、料酒、五香粉、盐、生抽、葱末、姜末、食用油各适量

做 法

全麦面包三明治

1 将肉末放入碗中，加水淀粉、料酒、五香粉、盐、生抽、葱末、姜末，然后用汤匙或筷子沿一个方向搅拌均匀，待用。

2 平底锅中放入适量食用油，取适量肉末在手心按平，然后放入平底锅中煎至两面金黄。

3 将洗净的黄瓜、西红柿分别切片。

4 取两片全麦面包，一片放在案板上，依次放上生菜、肉饼、西红柿片、黄瓜片，再放入奶酪片；用另一片全麦面包盖上，夹紧。

5 沿对角线切成两半，全麦面包三明治就做好了。

牛奶+苹果

早餐再给孩子搭配一杯纯牛奶和一个苹果，满足营养需求。

营养加分

全麦面包是指用没有去掉外面麸皮和麦胚的全麦面粉制作的面包，颜色微褐，肉眼能看到很多麦麸小粒，比较粗糙。但它的营养价值比白面包高，B 族维生素非常丰富，面包里夹上蔬菜和小肉饼，变成小朋友们喜欢的美食。

水果牛奶麦片套餐

原 料

麦片 25 克，牛奶 250 毫升，三文鱼 100 克，芦笋 50 克，草莓 5 颗，吐司 50 克

调 料

盐、橄榄油、胡椒粉、食用油各适量

做 法

水果牛奶麦片

1 牛奶放入锅中加热，倒入碗中，放入麦片泡软。

2 将草莓洗净后将其中一颗切丁，撒在麦片粥上即可。

盐水芦笋

1 将芦笋洗净后，切成三段。

2 锅中注入适量清水烧开，放入少许盐和橄榄油，放入芦笋段焯 1 分钟，捞出沥干，装入盘中。

煎三文鱼

1 将三文鱼洗净，在三文鱼两面抹上少许盐和胡椒粉，腌渍片刻。

2 平底锅烧热，刷上适量食用油，放入三文鱼煎至两面金黄。

3 平底锅中加入适量清水，盖上盖子焖至水分被蒸干，盛入装有芦笋的盘中即可。

吐司+草莓

主食是吐司，再搭配草莓即可。

营养加分

煎三文鱼操作简单，因此适合早上比较匆忙时来做。最重要的是，三文鱼中含有丰富的不饱和脂肪酸及维生素 D，能促进钙的吸收，帮助生长发育期的孩子长高。

紫菜寿司套餐

原料

米饭、排骨、胡萝卜、黄瓜各50克，肉松、海带各20克，雪梨1个，鸡蛋2个，百叶、紫菜、香菜、葱花各适量

调料

寿司醋、芝麻油、盐、食用油各适量

做 法

紫菜寿司
1 将鸡蛋打散；将黄瓜、胡萝卜洗净后切条；将寿司醋倒入米饭中拌
匀；待用。
2 平底锅中放入少许食用油，放入鸡蛋液摊成蛋皮，取出后切成条
状。
3 将紫菜铺在寿司帘上，拌好的米饭铺在紫菜上，铺满一层。
4 将黄瓜条、胡萝卜条、蛋皮、肉松依次放在米饭上，借助寿司帘将
其卷紧，然后切段即可。

海带排骨汤
1 将排骨洗净，去血水，捞出沥干；海带洗净，待用。
2 锅中注入适量清水，放入排骨、海带，煮开后调入盐、葱花即可。

香菜拌百叶丝
1 百叶洗净后切丝，放入沸水锅中余水后沥干，放入碗中。
2 香菜洗净后切段，放入装有百叶的碗中，放入芝麻油、盐拌匀即可。

雪梨
将雪梨洗净后切丁即可。

营养加分

同样是米饭，包在紫菜里与盛在碗里吃，孩子的感觉是完全不一样的，简单的早餐也可以有仪式感。海带有"含碘冠军"的美称，脂肪含量较低，是一款营养价值非常高的海藻菜，不妨多给孩子吃以增强抵抗力。

原 料 山楂90克，排骨400克，鸡蛋1个，葱花少许

调 料 盐、生粉、白糖、番茄酱、水淀粉、食用油各适量

做 法

1 洗净的山楂去核，切块；鸡蛋取蛋黄。

2 排骨洗净，加盐、蛋黄、生粉，拌匀腌渍。

3 锅中注入清水烧开，倒入山楂，煮5分钟，把山楂汁盛出。

4 热锅注油，烧至六成热，放入排骨，炸至金黄色，捞出。

5 锅底留油，倒入山楂汁、山楂、白糖、番茄酱，调匀煮化。

6 放水淀粉、排骨，翻炒均匀，装入盘中，撒上葱花即可。

山楂猪排

鲜鱿鱼炒金针菇

原 料 鱿鱼 300 克，彩椒 50 克，金针菇 90 克，姜片、蒜末、葱白各少许

调 料 盐 3 克，鸡粉 3 克，料酒 7 毫升，水淀粉 6 毫升，食用油适量

做 法

1 洗净的金针菇切去根部。

2 鱿鱼洗净，切花刀，切片，放盐、鸡粉、料酒、水淀粉，抓匀腌渍，焯水；洗好的彩椒切丝。

3 用油起锅，放入姜片、蒜末、葱白，爆香。

4 倒入鱿鱼、料酒，炒香；放入金针菇、彩椒、盐、鸡粉、水淀粉，炒熟即成。

大蒜烧鳝段

原 料 鳝鱼 200 克，彩椒 35 克，蒜头 55 克，姜片、葱段各少许

调 料 盐 2 克，豆瓣酱 10 克，白糖 3 克，陈醋 3 毫升，料酒、食用油各适量

做 法

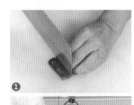

1 洗净的彩椒切成条；处理干净的鳝鱼切上花刀，切段。

2 用油起锅，倒入蒜头，炸至金黄色；盛出多余的油，放入姜片、鳝鱼肉，炒匀。

3 放豆瓣酱、料酒、清水、葱段、彩椒、陈醋，翻炒匀，用中火焖 10 分钟。

4 转大火收汁，加白糖、盐快速翻炒入味即可。

冬瓜烧香菇

原 料 冬瓜200克，鲜香菇45克，姜片、葱段、蒜末各少许

调 料 盐2克，鸡粉2克，蚝油5克，水淀粉、食用油各适量

做 法

1 冬瓜切丁，香菇切块。

2 锅中注入清水，加食用油、盐、冬瓜、香菇，煮约半分钟，捞出。

3 锅中注油，放姜片、葱段、蒜末、冬瓜、香菇、清水、盐、鸡粉、蚝油，煮至食材入味，倒入水淀粉，炒匀，盛出装盘即可。

洋葱丝瓜炒虾球

原 料 洋葱70克，丝瓜120克，彩椒40克，虾仁65克，姜片、蒜末各少许

调 料 盐3克，鸡粉3克，生抽5毫升，料酒10毫升，水淀粉8毫升，食用油适量

做 法

1 丝瓜、彩椒、洋葱切块；虾仁去虾线，放入碗中，加盐、鸡粉、水淀粉。

2 锅中注入清水，加食用油、盐、丝瓜、洋葱、彩椒，煮至断生，捞出。

3 用油起锅，放蒜末、姜片、虾仁、料酒、洋葱、彩椒、丝瓜、盐、鸡粉、生抽、水淀粉，炒熟，盛出即可。

原 料 鸡胸肉150克，豆腐80克，鸡蛋1个，姜末、葱花各少许

调 料 盐2克，鸡粉1克，水淀粉、食用油各适量

做 法

1 鸡蛋打开，取蛋清；洗好的豆腐压烂；洗净的鸡胸肉切丁。

2 取榨汁机，杯中倒入豆腐、鸡肉丁、蛋清，搅成鸡肉豆腐泥。

3 把鸡肉豆腐泥倒入大碗中，加姜末、葱花，拌匀。

4 取数个小汤匙，每个汤匙都蘸上食用油，放入鸡肉豆腐泥。

5 把装有鸡肉豆腐泥的汤匙放入烧开的蒸锅蒸熟，然后取出，装入盘中。

6 用油起锅，加盐、鸡粉、水淀粉拌匀，浇在鸡肉豆腐泥上即可。

三鲜鸡肉豆腐

胡萝卜炒口蘑

原 料 胡萝卜120克，口蘑100克，姜片、蒜末、葱段各少许

调 料 盐、鸡粉、料酒、生抽、水淀粉、食用油各适量

做 法

1 将洗净的口蘑切成片；洗净去皮的胡萝卜切成片。

2 胡萝卜片、口蘑片焯水。

3 用油起锅，放入姜片、蒜末、葱段，用大火爆香；倒入焯煮过的食材，翻炒几下。

4 放料酒、生抽、盐、鸡粉、水淀粉，快速炒匀即成。

板栗枸杞
炒鸡翅

原料 板栗120克，水发莲子100克，鸡翅中200克，枸杞、姜片、葱段各少许

调料 生抽、白糖、盐、鸡粉、料酒、水淀粉、食用油各适量

做法

1 鸡翅中斩成小块，装碗，加入生抽、白糖、盐、鸡粉、料酒，拌匀。

2 热锅注油，放入鸡翅中，炸至微黄色，捞出。

3 锅底留油，放入姜片、葱段、鸡翅中、料酒、板栗、莲子、生抽、盐、鸡粉、白糖、清水、枸杞、水淀粉，炒熟。

菠萝炒饭

原料 米饭150克，火腿肠100克，玉米粒50克，鸡蛋1个，菠萝丁30克，葱花少许

调料 盐3克，鸡粉2克，食用油适量

做法

1 将火腿肠切丁，鸡蛋打入碗中。

2 锅中加清水，倒入玉米粒、盐、食用油，煮至断生，捞出。

3 锅中注油，放火腿肠丁，煮软，捞出；锅留油，放蛋液、米饭、焯过水的玉米粒、火腿肠丁、菠萝丁、盐、鸡粉、葱花，炒熟。

菠菜拌鱼肉

原 料　菠菜 70 克，草鱼肉 80 克

调 料　盐少许，食用油适量

做 法

1　菠菜焯水，切碎。

2　将装有鱼肉的盘子放入烧开的蒸锅中，用
　　大火蒸 10 分钟至熟，取出，剁碎。

3　用油起锅，倒入鱼肉，再放入菠菜碎，放
　　入盐。

4　拌炒均匀，炒出香味，盛出装入碗中即可。

沙茶牛肉面

原 料 板面200克，牛肉片60克，蒜苗25克，蒜末少许，高汤650毫升

调 料 沙茶酱15克，鸡粉2克，生抽2毫升，料酒3毫升，食用油适量

做 法

1 将蒜苗洗净切小段，备用。

2 锅置火上，注入适量清水，用大火煮沸，放入备好的板面，轻轻搅拌，煮约4分钟至面条熟透，捞出待用。

3 用油起锅，撒入蒜末，爆香，放入蒜苗、牛肉片，淋入料酒，放入沙茶酱，炒至牛肉断生。

4 注入高汤，大火煮2分钟至沸腾，加入生抽、鸡粉调味，关火后盛出煮好的汤汁。

5 将汤汁浇在面条上即可。

鱼泥小馄饨

原料 鱼肉 200~300 克，胡萝卜半根，鸡蛋 1 个，小馄饨皮适量

调料 酱油 5 毫升

做法

1 鱼肉剁泥；胡萝卜去皮，切成圆形薄片；鸡蛋打散。

2 将胡萝卜薄片煮软，捞起沥干，剁成泥。

3 将胡萝卜泥、鸡蛋、酱油倒入有鱼泥的碗内，拌匀。

4 将馅料包成小馄饨，煮熟出锅装碗即可。

营养加分

　　鱼泥小馄饨，肉质松软、易消化，营养丰富，含有优质蛋白质及多种维生素、矿物质，具有增进食欲的作用。

海带豆腐汤

原料 豆腐 150 克，水发海带丝 120 克，姜丝少许，冬瓜 50 克

调料 盐、胡椒粉各适量

做法

1 将洗净的豆腐切开，改切条形，再切小方块；洗净的冬瓜切小块，备用。

2 锅中加入适量清水烧开，撒上姜丝，放入冬瓜块，倒入豆腐块，再放入洗净的水发海带丝，拌匀。

3 用大火煮约4分钟至食材熟透，加入盐、适量胡椒粉，拌匀，略煮一会儿至汤汁入味。最后关火盛出煮好的汤料，装入碗中即成。

原 料 熟宽扁面100克，牛肉50克，芦笋15克，蒜末适量，奶酪粉少许

调 料 橄榄油、盐各适量，罗勒青酱2匙

做 法

1 牛肉洗净切片，装碗，加盐，腌渍半小时。

2 洗净的芦笋切段，放入热水锅中焯至断生，捞出。

3 平底锅烧热，加入橄榄油，将蒜末爆香，加入牛肉片炒至转色。

4 倒入熟宽扁面、芦笋，加入盐、罗勒青酱，炒匀后装盘，撒上奶酪粉即可。

青酱牛肉意面

营养加分

牛肉富含优质蛋白质，能增加运动对骨骼增长的促进效果。其中的维生素 B_6 还能促进新陈代谢、提高人体免疫力。处于快速发育期的 6~12 岁儿童，应多食用牛肉。

原 料 香菇 30 克，鸡肉 70 克，胡萝卜 60 克，彩椒 40 克，芹菜 20 克，米饭 200 克，蒜末少许

调 料 生抽 3 毫升，芝麻油 2 毫升，盐、食用油各适量

做 法

1 香菇、胡萝卜、彩椒、芹菜洗净切粒；鸡肉洗净切丁。

2 锅中注水烧开，放入切好的香菇、胡萝卜、彩椒、芹菜，焯水。

3 用油起锅，倒入鸡肉丁，翻炒至变色，加入蒜末，放入焯过水的食材，搅拌均匀，倒入备好的米饭，快速翻炒至松散。

4 加入适量盐、生抽、芝麻油，翻炒至食材入味即可。

营养加分

鸡肉含有的蛋白质及多种维生素、钙、磷、锌、铁、镁等成分是人体生长发育所必需的，对儿童的成长有重要作用。

香菇鸡肉饭

原料 澄面、虾仁、肉末各100克，水发香菇30克，胡萝卜50克

调料 猪油、白糖、鸡粉各5克，盐4克，生抽5毫升，生粉60克，胡椒粉、芝麻油各适量

做法

1 洗好的香菇切粒；洗净去皮的胡萝卜切粒；虾仁切成粒。

2 将肉末装碗，加入少许盐、生粉、生抽，放入虾仁，搅拌均匀；加入适量鸡粉、白糖、胡椒粉、芝麻油、猪油拌匀，放入香菇、胡萝卜拌匀做成馅料。

3 将适量生粉放入装有澄面的碗中，分次倒入清水，拌至呈糊状；倒入适量开水，烫至凝固，再分次放入剩余的生粉，揉搓成面团。

4 取适量面团，揉成长条，切成数个小剂子，将小剂子用手压扁，用擀面杖擀成面皮。

5 取面皮，加入适量馅料；朝一个方向收口、捏紧，呈雀笼状生坯；把包底纸放入蒸笼中，放入生坯；将蒸笼放入烧开的蒸锅中，加盖，大火蒸8分钟即可。

水晶包

原　料　茄子1个，红彩椒半个，圣女果3个，生菜1片，熟白芝麻适量

调　料　盐、橄榄油各适量

茄泥沙拉

做　法

1　茄子去皮洗净，切丁；红彩椒去籽，洗净备用；圣女果洗净。

2　锅中注水烧开，放入茄子煮至熟透，捞出沥干。

3　用勺子将煮熟的茄子捣成泥，加入盐、橄榄油、熟白芝麻拌匀，填入红彩椒中。

4　将洗净的生菜铺在盘底，放上红彩椒和圣女果即可。

营养加分

　　茄子中的维生素 P 含量是非常高的。而维生素 P 能增加毛细血管的弹性，增强其韧性，还可以提高人体的免疫力及修复力。茄子还能防止维生素 C 缺乏症及促进伤口愈合。

原 料 寿司紫菜1张，黄瓜半根，胡萝卜半根，鸡蛋50克，酸萝卜90克，糯米饭300克

调 料 鸡粉2克，盐5克，寿司醋4毫升，食用油适量

做 法

1 将胡萝卜、黄瓜洗净切条，鸡蛋打入碗中，放入少许盐，打散、调匀。

2 热油锅，倒入蛋液，摊成蛋皮，将煎好的蛋皮切条，备用。热水锅，放入鸡粉、盐，倒入适量食用油；放入胡萝卜条，煮1分钟，倒入黄瓜条，煮至断生，捞出，备用。

3 将熟的糯米饭倒入碗中，加入寿司醋、盐，搅拌匀。

4 取寿司帘，放上紫菜，将米饭均匀地铺在紫菜上，压平，分别放上胡萝卜、黄瓜、酸萝卜、蛋皮。

5 卷起寿司帘，压成紫菜寿司，将压好的紫菜寿司切成大小一致的段，装入盘中即可。

紫菜寿司

原 料 去皮胡萝卜1根，鸡蛋液50克，鱿鱼80克，生粉30克，葱花少许

调 料 盐1克，食用油适量

做 法

1 洗净去皮的胡萝卜切碎；洗净的鱿鱼切丁。

2 取一空碗，倒入生粉、胡萝卜碎，放入鱿鱼丁，加入鸡蛋液，倒入葱花，搅拌均匀。

3 倒入适量清水，搅拌均匀，加入盐，搅拌成面糊，待用。

4 用油起锅，倒入面糊，煎约3分钟至底部微黄，翻面，煎至两面微黄。

5 盛出放凉，切小块，将切好的鱿鱼蔬菜饼装盘即可。

营养加分

　　鱿鱼的脂肪含量几乎为零，与贝类一样富含蛋白质，可以提高免疫力，帮助身体发育。胡萝卜富含保护视力的胡萝卜素，孩子可以经常吃。将鱿鱼和胡萝卜搭配鸡蛋，摊成饼，营养不减，味道更佳。

鱿鱼蔬菜饼